深部综放大断面沿空掘巷围岩控制理论与技术

孟祥军　著

应 急 管 理 出 版 社

·北 京·

图书在版编目（CIP）数据

深部综放大断面沿空掘巷围岩控制理论与技术/孟祥军著．--北京：应急管理出版社，2020

ISBN 978-7-5020-7703-7

Ⅰ．①深…　Ⅱ．①孟…　Ⅲ．①煤巷掘进—大断面巷道—沿空巷道—围岩控制—研究　Ⅳ．①TD263.5

中国版本图书馆 CIP 数据核字(2019)第 202672 号

深部综放大断面沿空掘巷围岩控制理论与技术

著　　者　孟祥军
责任编辑　唐小磊
编　　辑　孔　晶
责任校对　陈　慧
封面设计　罗针盘

出版发行　应急管理出版社（北京市朝阳区芍药居 35 号　100029）
电　　话　010-84657898（总编室）　010-84657880（读者服务部）
网　　址　www.cciph.com.cn
印　　刷　北京建宏印刷有限公司
经　　销　全国新华书店

开　　本　710mm×1000mm $^1/_{16}$　**印张**　11$^1/_4$　**字数**　198 千字
版　　次　2020 年 9 月第 1 版　2020 年 9 月第 1 次印刷
社内编号　20192915　**定价**　58.00 元

前　言

煤炭是我国的主体能源，且在当前及今后相当长的时期内仍将作为我国的主导能源。但是，我国92%的煤炭开采是井工开采，井下平均开采深度600余米，且以每年8～12 m的速度增加，井下煤层赋存及开采条件复杂，煤层地应力显著增大。深部开采面临的高地应力、高地温、高岩溶水压和强烈开采扰动特征，使得采掘工程的地层环境发生明显变化，由此带来诸多深部开采危害，如冲击地压、煤与瓦斯突出、矿井突水、剧烈矿压显现、巷道围岩大变形、不稳定流变、地温升高等，这对深部煤炭资源的安全高效开采造成了巨大威胁。而深部开采巷道由于受到高地应力和采动应力影响，极易诱发冲击地压灾害，造成巷道剧烈变形，制约矿井安全生产。为减少煤炭资源浪费，沿空掘巷技术得到推广应用，但巷道围岩变形明显大于宽煤柱护巷，支护难度显著增大，支护问题尤为突出。如何定量评价深部巷道变形和地应力相互作用关系，揭示长锚索、锚杆对围岩的加固机制是解决深部煤层沿空掘巷支护问题的主要任务，也是一项具有研究意义的重大课题。

全书共八章，第1章阐述了煤炭开采与沿空掘巷围岩的现状及发展方向，并对巷道维护、工作面矿压规律及现有沿空掘巷围岩控制理论与技术进行了介绍。第2章介绍了深部煤层地应力的概念、成因、组成部分及影响因素，并总结了深部煤层地应力分布规律和地应力测量方法。第3章基于弹塑性力学及矿压理论，考虑基础的塑性应变软化，建立了沿空侧向基本顶的双参数弹塑性基础梁模型，采用差分法求解了梁的挠曲线方程，分析了顶板挠度、弯矩及基础反力的变化规律。第4章揭示了深部综放工作面侧向支承压力的分布状态，并分析了侧向内应力场的存在条件及分布规律。第5章模拟了基本顶断裂线位置、巷道宽度、煤柱宽度等对沿空巷道围岩应力和变形的影响规律。第6章针对深部综放大断面沿空掘巷实体煤帮破坏范围大、鼓出严重的难题，提出了一种锚杆、金属网和长锚索联合的实体煤帮加固方法，分析了加固原理，提出了设计方法和控制对策。第7章针对实体煤帮长锚索长度难以确定的问题，研发了一种深部沿空掘巷实体煤侧巷帮锚索支护长度的确定方法，通过钻进煤粉量可以较准确地进行锚索长度的确定。第8章根据深部综放侧向采场顶板结构及支承压力分布的分析，结合大断面沿空巷道的实体煤帮的控制技术，提出了深部综放大断面沿空巷道围岩的控制原理和原则，并针对东滩煤矿1306轨道顺槽进行了设计、施工和监测，取得了良好的支护效果。

本书的写作和出版得到了国家973项目“煤炭深部开采中的动力灾害机理与防治基础研究”（2010CB226805）、国家自然科学基金项目（51274133、51104093、51004068、51204102）、山东省自然科学基金重点项目（ZR2012EEZ002）、山东省优秀中青年科学家科研奖励基金（BS2011NJ014、BS2012NJ007）、山东科技大学“矿山压力与岩层控制”创新团队基金（2010KYTD105）等项目的资助。

本书得到了山东科技大学安全与环境工程学院、矿山灾害预防控制国家重点实验室培育基地、中国矿业大学矿业工程学院等单位的大力支持和协作，在此表示感谢。

由于作者水平所限，书中难免存在疏漏和不足之处，恳切希望同行专家和广大读者批评指正。

作　者

2019年6月

目　　录

1 绪　论

1.1 煤炭开采现状

1.1.1 国内外煤炭开采综述

随着我国煤炭高强度的开发，浅部资源不断减少，煤炭开采逐渐向深部发展。依据目前煤炭资源开采状况，我国煤矿开采深度以 8 ~ 12 m/a 的速度增加，东部矿井则高达 20 ~ 25 m/a，预计在未来 20 年，我国很多煤矿将进入到 1000 ~ 1500 m 的开采深度。深部开采具有高地应力、高地温、高岩溶水压和强烈开采扰动的特点，使得采掘工程的地层环境发生了明显的变化。由此带来的深部开采危害，如冲击地压、煤与瓦斯突出、矿井突水、剧烈矿压显现、巷道围岩大变形、不稳定流变、地温升高等，对深部煤炭资源的安全高效开采造成了巨大威胁。对于深部巷道而言，支护难度较浅部明显增大，特别是在采动影响下，支护问题更突出。深部回采巷道围岩具有大变形、强流变的特性，使用过程中往往出现多次返修，造成片帮、冒顶等不利局面，给深部开采带来巨大威胁。

随着我国煤矿开采强度与规模的显著增加，以及现代化综合机械化开采技术的发展，综采放顶煤开采、一次采全高的高产高效综采工艺得到了大面积推广应用，同时回采工作面设备的大型化，开采强度的增加与产量的大幅度提高，都要求回采巷道断面更大，以保证正常的生产、运输、通风及行人安全。深部矿井回采巷道宽度从过去 3 m 增至 5 m，有的甚至更大，断面面积也从 10 m^2 增加到 20 m^2。

为减少煤炭资源浪费，无煤柱护巷技术得到迅速发展，特别是沿空掘巷技术在国内得到广泛应用，但是沿空掘巷时的巷道围岩变形明显大于宽煤柱护巷时的巷道变形，巷道维护比较困难。因此，深部大断面沿空掘巷受到深部开采、大断面掘进、沿空掘进等不利因素的共同影响，支护难度显著增大，支护问题尤为突出。

针对深部综放大断面沿空掘巷的支护难题，以深部大断面沿空掘巷的围岩为研究对象，研究深部综放采场大断面沿空掘巷顶板运动规律与矿压显现特征，建立深部大断面沿空掘巷围岩的力学结构模型并进行稳定性分析，研究长锚索、锚杆对围岩的加固作用，形成深部大断面沿空掘巷围岩控制理论体系与技术体系，为此类巷道支护提供理论依据和技术支撑，具有重要的理论与现实意义。而国内外也针对煤炭开采问题进行了以下方面的研究。

1. 沿空掘巷覆岩结构及矿压显现规律

1）沿空掘巷上覆岩层结构

沿空掘巷时巷道位于采场的一侧，其稳定性将受到采场覆岩结构的影响。国内外专家学者对采场上覆岩层破断特征和运动规律开展了大量的研究工作，提出了多种采场顶板力学结构模型。其中，国外代表性的理论有悬臂梁假说、压力拱假说、预生裂隙梁假说和铰接岩块假说。此外，美国的 S. S Peng 对于采场顶板进行了分类，分析了不同类别顶板的垮落破断形式及特点，并研究了相应的控制技术。国内主要有宋振骐的传递岩梁理论、钱鸣高的砌体梁理论和关键层理论。在传递岩梁理论中，由于基本顶断裂岩块之间的相互咬合，始终能向煤壁前方及采空区矸石上传递作用力，从而形成传递岩梁；支架承担基本顶岩梁作用力由支架运动控制作用力决定，支架运动控制方式有给定变形和限定变形两种。砌体梁和关键层理论研究了基本顶及关键层的断裂规律，明确了上覆岩层破断的形态，提出了“S－R”稳定性原理，确定了砌体梁关键块的滑落与转动变形失稳条件。浦海、缪协兴研究了采动关键层的破断、相对位置及采深对支承压力分布的影响。

此外，在采场顶板结构方面，还有贾喜荣提出的采场薄板理论，他建立了弹性板和铰接板结构力学模型，给出了来压步距和来压强度的解析表达式，该方法被推广应用到放顶煤工作面顶板来压计算中；提出了完全承载层、过渡层和非承载层的基本判断。史元伟提出了弹性基础裂隙梁理论，他根据基本顶断裂线位置的不同，分别建立一元、二元、三元弹性基础裂隙梁力学模型，并进行了分析。姜福兴等在岩体三维空间破裂的监测成果及多种边界条件下工作面岩层运动和应力分布观测结果的基础上，总结出长壁采场覆岩空间结构的概念，并将覆岩空间结构划分为四类，即“θ”形、“O”形、“S”形和“C”形。

沿空掘巷顶板的破坏特点及变形规律和其周围的采场顶板破断和运动规律密切相关，有着自己的特点和规律。1987 年，朱德仁提出长壁工作面端头顶板存在三角形悬板的观点，开始认识到沿空掘巷的矿压显现规律与采场基本顶的情况关系密切。基于三角形悬板（或者弧三角块、三角块）力学模型，许多专家学者进行沿空掘巷顶板结构的研究，其中有代表性的是侯朝炯、李学华提出的沿空掘巷上覆岩层“大、小结构”观点。他们根据综放沿空掘巷围岩的特点，将基本顶作为沿空掘巷围岩的“大结构”，其中基本顶在工作面端头形成的弧三角形块为巷道上方的关键块，并分析了关键块的稳定性；把巷道周围锚杆的组合支护以及锚杆与围岩组成的锚固体作为“小结构”，认为“小结构”的稳定性取决于“大结构”的稳定性，同时还与窄煤柱的稳定性、锚杆支护对围岩强度的强化程度有关，分析了提高锚杆预紧力和支护强度对保持“小结构”稳定性的影响。此外，柏建彪建立了沿空掘巷基本顶三角块结构力学模型，分别分析了三角块结构在掘巷前、掘巷后及采动影响时的稳定性，揭示了三角块结构的稳定性原理及其对沿空掘巷的影响。何廷峻阐述了工作面端头形成的基本顶三角形悬板的危害，对其破断结构进行了力学分析，预测了三角形悬顶的破断位置及时间，为沿空掘巷的支护提供了理论依据。赵国贞、马占国等针对沿空掘巷围岩的力学环境和支护特点，建立了由小煤柱、顶煤、顶板构成的超静定悬臂梁力学结构模型，通过促使顶板断裂线从实体煤侧向邻近工作面的采空区侧移动以减小煤柱载荷，可以达到减小巷道变形、增强巷道围岩稳定性的目的；并且认为加固后的煤柱强度为原来的 4 倍时最佳。

2）沿空掘巷矿压显现规律

沿空掘巷围岩应力分布与采场侧向支承压力关系密切。在支承压力分布规律的研究方面，宋振骐领导的课题组提出了支承压力内、外应力场理论，给出了相应的计算方法，成功进行了顶板来压的预测预报。20 世纪 90 年代，钱鸣高等在砌体梁理论研究的基础上，创造性地提出了关键层理论，并运用有限元等方法分析了关键层上部的载荷及下部的支承压力受软弱层几何特征及力学特性影响的变化规律，发现受采动影响后关键层上部岩层的作用一般不能视为均布荷载。从 20 世纪 80 年代后期开始，根据煤矿现场的需要，监测支承压力分布及其矿压显现成为矿山压力研究的重要内容。Haramy Khamis 等采用 TDR 电缆、多点位移计和压力传感器对支承压力超前范围进行了监测，为采区设计提供了依据。张开智等采用钻粉量来确定支承压力的范围，用于确定区段煤柱尺寸。由于煤柱尺寸大小及其稳定性取决于支承压力大小及作用范围，支承压力作用下塑性区的大小将对巷道围岩的稳定性有直接影响，翟新献等探讨了煤柱塑性区特征及影响因素，并用围岩有效载荷系数作为衡量采准巷道围岩是否发生流变的判定指标；王卫军等探讨了支承压力对巷道底鼓的影响；Stankus，J. C 等在 Bailey Mine 试验研究发现，Truss 锚杆对支护受采动支承压力影响顺槽内的顶板具有良好的效果；谭云亮等在对受支承压力影响巷道破坏范围进行地质雷达探测的基础上，得出了巷道围岩破坏范围与采动支承压力集中系数之间的关系式。

在沿空掘巷位置与侧向支承压力的关系方面，宋振骐、陆士良都认为沿空掘巷应布置在采场侧向支承压力的降低区，利于巷道维护。不同的是，宋振骐以基本顶侧向断裂线为界将侧向支承压力分为内应力场和外应力场，沿空掘巷宜布置在内应力场中。宋振骐还提出了沿空掘巷的围岩变形组成公式，认为在内应力场中掘巷时，巷道主要受采空区矸石压缩和下区段工作面回采的影响。

在沿空掘巷矿压显现方面，王卫军等根据砌体梁理论，在分析综放沿空掘巷顶煤力学环境的基础上，运用能量变分理论对基本顶给定变形条件下顶煤的变形进行了初步求解，并对顶煤下沉量与支护阻力、煤体弹性模量、巷道宽度的关系进行了探讨，对选择综放沿空掘巷顶煤的支护参数有一定的指导意义。刘增辉、康天合通过相似材料模拟试验，对综放工作面护巷煤柱宽度逐渐减小情况下的巷道围岩破坏特征及变形进行了研究，模拟了工作面回采对沿空掘巷围岩稳定性的影响。刘长友、马其华等通过矿压观测和相似材料模拟试验研究认为，随工作面推进，采空区侧煤体及上覆岩层依次垮落，形成砌体梁结构；侧向煤体压力峰值点与采放比有关，且随采放比增大峰值点远离，有利于留设窄煤柱。孟金锁在分析综放开采工艺特点的基础上，提出了综放“原位”沿空掘巷的概念，认为“原位”沿空掘巷可以最大限度地减少综放工作面“两巷”煤损，其位置处于悬臂平衡岩梁保护之下的卸压区内。李磊、柏建彪等将弧三角块理论与内、外应力场理论相结合，并推导出内应力场的宽度表达式，根据基本顶的运动规律进行了沿空掘巷围岩变形量的预测。郑西贵等研究了不同宽度护巷煤柱沿空掘巷掘采全过程的应力场分布规律，分析了煤柱宽度对沿空掘巷煤柱和实体帮应力演化的影响，提出确定沿空掘巷合理煤柱宽度时，不仅需考虑掘巷扰动影响，还应将本工作面的超前采动影响作为一个重要影响因素。张源、万志军等认为不稳定覆岩下沿空掘巷围岩大变形的根本原因是基本顶的断裂、回转和滑移，控制该类巷道围岩大变形的基本思路就是控制基本顶断裂后的关键块的回转和滑移。谢广祥、杨科等在现场实测的基础上，应用弹塑性极限平衡理论，考虑煤层厚度及倾角的影响，得出综放面倾向煤柱支承压力峰值位置的计算式及分布规律；认为在较薄厚煤层的综放开采中，煤柱支承压力峰值位置至巷帮距离与开采煤层厚度成非线性正比关系，为减少留设煤柱不当对煤柱及巷道稳定性和采出率的影响，最小煤柱尺寸应综合考虑煤柱支承压力峰值位置至巷帮的距离。

综上所述，前人在沿空掘巷的上覆岩层结构和矿压显现规律方面取得了一些显著的成果，但是在深部高应力、大断面沿空掘巷条件下，沿空掘巷上覆岩层的结构会发生何种改变，巷道的尺寸增大对于覆岩结构、巷道支护结构的影响规律是什么，巷道围岩内的应力如何分布，内、外应力场如何分布这些问题上都值得深入研究。

2. 沿空掘巷煤柱尺寸及稳定性

护巷煤柱是沿空掘巷围岩的一个重要组成部分，其宽度及稳定性直接影响巷道的整体稳定性。若煤柱尺寸选择不当，不仅在掘巷时围岩明显变形，同时由于煤柱破坏后处于塑性蠕变状态，在高地应力、采动影响下，围岩在长时间内还有较大的持续变形。关于巷道宽度与巷道围岩稳定性之间的关系，国内外许多学者和现场技术人员运用理论分析、数值模拟等方法作了很多研究，总结出了很多行之有效的煤柱合理尺寸的确定方法。

国外学者提出了许多设计煤柱的方法。J. N. Van der Merwe 针对南非煤矿的地质条件，在 Salamon 和 Munro 提出的计算煤柱强度公式的基础上，又提出了一种新的计算煤柱强度的公式。运用此公式后，在保证煤柱稳定性的同时煤柱尺寸大幅度减小。同时，还对煤柱变形失稳的时间进行了预测。

国内的一些教科书及专著中基本达成如下共识：回采或开掘巷道后煤柱边缘产生应力集中，煤柱边缘形成塑性区，靠近采空区侧和巷道侧塑性区宽度分别为 X_0 和 R，而煤柱中部仍处于弹性状态，形成弹性核。采动后煤柱保持稳定的基本条件是弹性核宽度不应小于煤柱高度（采高 M）的两倍，故煤柱宽度 $B \geqslant X_0 + 2M + R$。

陆士良等在研究受采动影响巷道的矿压显现规律和围岩变形的基础上，提出了巷道在采动期间的围岩变形量，以及采动稳定期间的围岩变形速度同护巷煤柱宽度之间的关系，并得出巷道服务期间的围岩变形总量与护巷煤柱宽度之间的关系式。王卫军、侯朝炯等基于摩尔－库仑准则建立了基本顶给定变形条件下基本顶关键块参数及采空区侧煤体塑性区宽度的计算公式，在此基础上给出了基本顶给定变形下综放沿空掘巷合理定位的方法。谭云亮、姜福兴等在现场实测采动影响下巷道两帮破坏范围的基础上，对实测数据进行多元回归分析，得出了埋深大于 400 m 条件下受采动影响巷道两帮破坏范围与采动应力集中系数、埋深、岩体单向抗压强度以及服务时间的关系式。张开智等通过对平煤集团十三矿不同煤柱宽度时的煤柱破坏发育规律、上下巷位移与变形、煤柱上方支承压力的数值计算分析认为，合理煤柱宽度为 8 m，比原设计值减小近一半。杨永杰、姜福兴等采用内、外应力场理论和数值模拟分析认为对于中等稳定围岩来讲，综放沿空顺槽锚网支护合理小煤柱尺寸最终确定为 3.0～4.5 m。

吴立新、王金庄等应用小变形弹塑性理论中的摩尔－库仑准则推导出煤柱屈服区宽度计算公式，并依据平台载荷法原则推导了煤柱宽度的计算公式，提出了影响护巷煤柱宽度的五大因素：工作面长度、平均采深、工作面走向长度、煤柱强度及屈服区宽度，并对各个因素进行了详细的分析。齐中立等运用理论分析与数值模拟对沿空掘巷合理窄煤柱宽度进行研究，通过分析不同宽度煤柱下巷道竖向应力和水平位移的分布，以及巷道顶底板和两帮相对移近量，确定了合理的窄煤柱宽度。Chen，Jinsheng 等根据支承压力分布，探讨了易突出煤层的煤柱尺寸设计问题。柏建彪等采用数值模拟方法研究了综放沿空掘巷围岩变形及小煤柱稳定性与煤柱宽度、煤层力学性质及锚杆支护强度的关系，提出了高强锚杆支护的小煤柱是沿空掘巷围岩承载结构的重要组成部分，并针对不同煤层条件确定了相应的窄煤柱合理宽度。

综上所述，沿空掘巷小煤柱的煤柱尺寸有多种计算方法，而且影响小煤柱的尺寸和稳定性的因素很多。在深部综放大断面回采巷道掘进时，确定小煤柱的尺寸，分析小煤柱的稳定性，探讨断面尺寸对煤柱的影响规律，确定合理的煤柱加固方式和参数，从而达到保证小煤柱回采期间稳定性的目标是值得深入研究的。

3. 沿空掘巷围岩控制理论与技术

1）巷道围岩控制理论

在巷道围岩控制的早期（19 世纪后期到 20 世纪初），人们利用简单的力学原理解释实际中的矿压现象，具有代表性的是 W. Hack 和 G. Gillitzer 于 1928 年提出的“压力拱假说”。他们认为掘进后巷道上方能形成自然平衡拱，可根据拱的范围进行支护设计，这种理论较好地解释了围岩卸载原因，但未能说明岩层变形、移动和破坏的发展过程以及围岩和支架的相互作用。20 世纪 30 年代初，弹塑性力学被引入地下工程的围岩分析中，解决了许多地下工程中的问题，其中 Poulos Davis 的巷道围岩的弹性解，Fenner 和 Kastner 等关于巷道围岩弹塑性应力分布和围岩与支架的相互作用的理论是典型代表之一。20 世纪 60 年代，奥地利工程师在总结前人经验的基础上，提出了一种新的隧道设计施工方法，即新奥法。新奥法核心是利用围岩的自承作用来支撑巷道，使围岩本身也成为支护结构的一部分，该方法目前仍是地下工程的主要设计施工方法之一。20 世纪 70 年代，M. D. Salamon 等又提出了能量支护理论，认为支护与围岩互相作用、共同变形，在共同变形过程中围岩释放一部分能量，而支护则吸收一部分能量，但总的能量没有变化，因而主张利用支护结构来使其自动调解围岩释放的能量和支护体吸收的能量。澳大利亚学者盖尔（W. J. Gale）通过现场观测和数值计算分析得出了水平应力对巷道顶底板变形的影响规律，认为在最大水平应力作用下，顶底板易发生剪切破坏，且巷道的变形破坏具有极强的方向性，即最大水平应力理论。

东北大学郑雨天等提出的联合支护技术是在新奥法的基础上发展起来的，主要观点：对于巷道支护，不能一味强调支护刚度，应先柔后刚，先抗后让，柔度适度，稳定支护。由此发展了锚喷网技术、锚喷网架技术、锚带网架技术等联合支护技术。董方庭等提出了围岩松动圈理论，基本观点：巷道开挖后，在地应力作用下巷道周边围岩出现应力集中，进而产生塑性变形和破坏，在距离巷道表面一定深度范围内形成松动破碎带，即松动圈。巷道支护对象除松动圈围岩自重和巷道深部围岩的部分弹塑性变形外，还包括松动圈围岩的膨胀变形；且松动圈范围越大，收敛变形越大，支护越困难。因此，支护的作用在于限制围岩松动圈形成过程中碎胀力所造成的有害变形。何满潮运用工程地质学和现代大变形力学相结合的方法，提出了软岩工程地质学支护理论。该理论认为软岩巷道的变形力学机制通常是三种以上的复合型变形力学机制，支护时要“对症下药”，合理有效地将复合型转化为单一型。方祖烈提出了主次承载区支护理论，该理论认为巷道开挖后在围岩中形成拉压域。压缩域处于三向应力状态，围岩强度高，是维护巷道稳定的主承载区。张拉域在巷道周围，围岩强度相对较低，是支护对象，通过支护加固，也有一定的承载力，起辅助作用，因此称为次承载区。主、次承载区的协调作用决定巷道的最终稳定。支护结构及支护参数要根据主、次承载区域相互作用过程中呈现的动态特征来确定，支护强度要求一次到位。李志强、马念杰等认为煤帮在集中应力作用下发生剪切破坏，形成塑性区、弹性区和原岩应力区，在塑性区内还会出现松动区。煤帮锚杆的作用是抑制因剪切破坏而造成两帮煤体松动与挤出，煤帮锚杆应穿过煤体潜在的松动区。

对于深部高地应力作用下大断面沿空掘巷而言，其围岩塑性区大、变形量大，此时允许围岩进入塑性状态或者峰后残余强度状态，但是必须保证其稳定性。巷道支护一般采用既能主动支护又能适应围岩大变形的锚杆支护作为基本支护，实现支护与围岩共同承载，特别要提高围岩自承能力。冯豫、陆家梁、郑雨天、朱效嘉等提出了联合支护理论，认为大变形巷道支护应遵循“先柔后刚、先挖后让、柔让适度、稳定支护”的支护原则，锚喷网索、锚喷网架、锚带网架、锚带喷架等支护技术符合此支护原则。郑雨天、孙均、朱效嘉则提出锚喷-弧板支护理论，该理论亦强调“先柔后刚”，锚喷属于柔性支护，而钢筋混凝土弧板则属于刚性支护。康红普等针对深部巷道以及各种复杂困难巷道，在理论分析、数值计算以及巷道支护工业性试验的基础上，提出高预应力、强力支护理论，认为应采用“先刚后柔再刚、先抗后让再抗”支护理念，通过高预应力、强力锚杆支护，最大限度地减少围岩强度的降低，尽可能一次支护即可有效控制围岩变形破坏。Gray P. A. 、Fabjanczyk M. W. 等分析巷道支护的发展历程，认为锚杆支护作为一种主动支护方式，优点突出。在锚杆支护时，要考虑锚杆的支护强度和刚度，还要同时考虑锚杆的抗拉强度和抗剪强度，锚杆的安装时间以及锚杆向围岩中传递的力的大小。柏建彪、侯朝炯认为深部巷道围岩控制的基本方法是提高围岩强度、转移围岩高应力以及采用合理的支护技术，包括采用高预紧力、大延伸量的高强度锚杆、锚索支护系统，加强巷道两帮、底角支护，提高巷道最薄弱部位；应用高水速凝材料注浆加固破碎区。

2）巷道围岩控制技术

U 形可缩性钢支架自 1932 年发展起来后，一度成为英国、波兰、苏联等国最主要的支护结构。自 20 世纪 40 年代发明锚杆后，锚杆支护技术发展迅速。与传统的支护方式相比，锚杆支护在改善支护效果、降低支护成本、加快成巷速度、减轻工人劳动强度、提高巷道断面利用率和简化工作面端头作业工序等方面的优越性十分突出。目前，锚杆支护技术已在国外主要产煤国家得到广泛应用。国外锚固技术以澳大利亚、美国发展最为迅速，两国锚杆支护比重已接近 100% ，其锚固技术水平居于世界前列。到 20 世纪 80 年代以后，一些曾以 U 型钢或工字钢支架为煤巷主要支护结构的国家（如英国、法国、德国、苏联、波兰、日本等）也大力发展锚固技术。

在沿空掘巷支护技术方面，20 世纪 90 年代以前我国中厚煤层中多采用金属支架（矿用工字钢梯形棚支架、U 型钢拱形可缩支架）支护。由于沿空掘巷的矿压显现规律与一般实体煤巷道不一样，尽管采取了加大支护强度等一系列措施，但巷道围岩变形量大、巷道维护十分困难，严重影响着矿井的安全生产。20 世纪 90 年代以后随着高强锚杆支护技术的发展，中等稳定程度以上的综采煤层巷道普遍采用锚杆支护。煤巷锚杆支护是我国煤矿自综采之后的第二次支护技术革命。锚杆安装后及时对围岩提供支护阻力，而且随着围岩的变形，支护阻力不断增加，因而能够及时、有效地强化围岩强度，防止围岩早期离层和控制围岩变形，从而保持围岩的稳定。

在深部巷道支护技术方面，主要采用联合支护技术，锚喷 + 注浆 + 锚索、锚杆 + 网 + 锚索、U 形棚 + 锚杆等，但联合支护方式一般支护费用较高。联邦德国较早采用大型三维有限元数值模拟程序模拟采场周围应力分布规律和开采对巷道的影响，并采用了以下技术措施对深井巷道围岩进行控制：对大断面巷道（20~24 m^2 以上）采用重型U型钢支架（34~40 kg/m）加壁后充填（充填厚度0.3~0.5 m）支护或U型钢支架加壁后充填和锚杆组合支护。伊本比伦煤矿采深1500 m，巷道掘进断面27.4 m^2，净断面21.2 m^2，采用44 kg/m的四节U型钢可缩性支架支护，间距0.8 m，壁后充填，并布置锚杆和喷射混凝土，锚杆长3 m。

对于煤巷锚杆支护，尤其是对深部巷道锚杆支护而言，其成功的原因在于高预紧力和高支护强度。国内外许多专家、学者通过研究认为高预紧力锚杆支护对围岩变形破坏的控制作用在于：①主动及时支护围岩，减小围岩早期变形破坏，提高围岩的峰值强度和残余强度，充分发挥围岩自身的承载能力，提高围岩稳定性；②使顶板处于预应力刚性梁状态，有效减轻顶板中部的拉破坏以及顶角的剪切应力集中，减小顶板下沉，避免出现垮冒；③充分发挥锚杆的支护能力，对破碎围岩实现高阻让压。高预紧力可使锚杆在工作过程中具有较大的支护强度，而锚杆的大延伸率则可对围岩的变形实现让压。

支护强度是影响巷道围岩控制效果的另一重要因素。深部巷道，特别是构造应力区域的巷道，围岩的破碎区范围大、围岩变形量大，需要的支护强度也较大。对于深部巷道，支护强度应达到0.2~0.3 MPa才能有效控制围岩变形。

锚杆预紧力以及支护阻力的有效扩散是决定围岩控制效果的重要因素。在巷道锚杆支护设计中，不仅要选择合理的预紧力，还要选择合理的强度及结构的组合构件，如钢带、钢筋梯子梁及金属网等，以利于预紧力的扩散。值得注意的是，锚杆预紧力存在临界值，超过临界值后再增加预紧力，对围岩的控制效果就不再明显。而且，复杂困难巷道支护中，预应力锚索的作用不可低估，主要体现在两个方面：一是将锚杆形成的预应力承载结构与深部围岩相连，充分调动深部围岩的承载能力，使更大范围内的岩体共同承载，提高预应力承载结构的稳定性；二是锚索通过施加较大预紧力，给围岩提供压应力，与锚杆形成的压应力区组合成骨架网状结构，主动支护围岩，保持其完整性。

He Fulian 等研究了预应力锚杆、锚索桁架和围岩之间的耦合关系，建立了力学模型，采用高预应力锚杆、锚索桁架支护技术在西山煤矿的高应力煤巷中进行了应用，取得了良好的支护效果。Zhao Jian 等对比了浅部巷道和深部巷道的围岩变形破坏特点，认为深部巷道围岩呈现出长时间大变形的特征，在巷道支护上研发了一种能够耗散围岩变形能的新型锚杆支护技术。Wang Gang 等发明了一种新型让压锚杆，它能够承受较大的荷载和变形，可以吸收较大的围岩变形能，有利于围岩稳定，可用于高应力大变形巷道中。李磊、柏建彪等提出顶板高强度高预应力锚杆支护和高强度锚索加强支护、减小窄煤柱帮锚杆间距和实体煤帮二次支护的非对称综放沿空掘巷围岩控制技术。张农等针对迎采动工作面沿空掘巷采空区边缘不稳定和动压作用强烈的特点，提出了预应力组合支护技术；李伟等提出了深部松软厚煤层沿空掘巷锚网索耦合支护技术；何富连等通过数值模拟和现场实测，结合松动爆破技术分析综放沿空掘巷围岩卸压巷卸压的机理，指出卸压巷的位置及松动爆破强度是沿空掘巷围岩卸压技术的关键；陈庆敏等采用锚杆注浆技术对综放沿空掘巷进行预加固试验。王猛、柏建彪等针对迎采动工作面沿空掘巷，分析了该类巷道的非对称变形、窄煤柱和顶板变形剧烈特点，提出提高窄煤柱和顶板支护强度使围岩形成有效承载体是保持迎采动工作面沿空掘巷整体稳定的关键，据此提出了合理的围岩控制技术：①合理确定窄煤柱宽度，使邻近工作面采动影响稳定后巷道处于应力降低区；②高强度大延伸率锚杆控制围岩变形；③加强窄煤柱、顶板支护强度，提高关键部位承载能力，窄煤柱宽度一般取 3 ~ 5 m。朱锋等基于巷道围岩控制理论提出了在沿空掘巷中采用超高预应力支护技术，锚杆选用 ϕ22 mm 的Ⅳ级左旋专用螺纹钢超高强预应力锚杆，确定了谢桥煤矿 1252（1）沿空掘巷留设小煤柱的最佳宽度为 6 m 左右，可有效地控制巷道变形。康红普等在分析锚杆支护作用机制的基础上提出高预应力、强力支护理论，强调锚杆预应力及其扩散的决定性作用；指出对于复杂困难巷道，应尽量实现一次支护就能有效控制围岩变形与破坏。在潞安漳村煤矿掘进与采煤工作面贯通的强烈动压影响巷道中，采用了高预应力、全长预应力锚固、短强力锚索，全断面垂直岩面布置的支护方式。常聚才等从理论上揭示了锚杆预紧力对巷道支护效果的作用机理，建立了分析巷道围岩力学特征的理想弹塑性应变软化模型，获得施加预紧力锚杆支护后巷道围岩位移、应力分布的解析表达式。昝东峰等在阐述回采巷道顶板锚杆（索）与围岩相互作用的基础上，分析了锚杆与锚索在支护体系中各自的作用，指出锚索预紧力是影响支护效果的关键参数。严红、何富连等针对高应力构造区大断面煤巷围岩控制技术难题，提出一种基于“索 - 拱”结构为核心的高应力煤巷围岩控制系统——锚杆索桁架，在峰峰集团新三矿取得了良好的应用效果。肖亚宁、马占国等采用 FLAC^{3D} 建模对沿空巷道三维锚索支护机理进行了研究，结果表明：三维锚索可在围岩表层附近及时形成承受高支承应力的组合拱结构，增强围岩整体应力强度和围岩压缩拱的厚度，使围岩提早达到一个动态的应力平衡状态。

虽然近年来我国煤巷锚杆支护技术得到了迅速发展，锚杆材质强度、锚杆支护强度以及锚杆支护的预紧力水平均得到较大提高，巷道支护效果得到明显改善，但是深部大断面综放沿空掘巷的支护难题仍然没有解决。该类高地应力巷道围岩变形破坏严重，且易于出现锚杆、锚索破断失效等问题。

总之，深部综放大断面沿空掘巷由于受高地应力、大尺寸及采动影响，距工作面很大范围内发生显著的变形，断面明显收缩，锚杆支护也往往失效，维护极其困难。因此，必须对深部综放开采沿空掘巷的围岩结构、变形特征进行研究，提出一种新的围岩控制理论和技术，以改善目前生产的被动局面，进一步推动综放小煤柱开采技术的发展与提高。

1.1.2 国内外煤炭发展方向

（1）世界煤炭工业实施战略性重组。澳大利亚、美国、加拿大及南非等国的煤炭企业逐渐重组为几家大型煤炭销售跨国公司，控制世界 80% 的煤炭出口。

（2）生产趋向集中化、大型化。生产趋向集中化带来世界主要产煤国家生产效率逐渐提高，生产成本逐渐降低，市场竞争能力逐渐增强，市场份额逐渐增大，导致煤炭企业大型化。

（3）煤炭资源利用趋向综合化。由于经营范围和经济规模的形成，煤电一体化、煤化一体化、煤路港航一体化、煤炭的深加工、煤炭的综合利用等联合生产经营，能源资源综合利用已成为国际化大型能源企业的发展趋势。

（4）拥有世界先进采煤技术和设备的国家，通过技术改造，实现了集中高效生产。德国、波兰、英国的矿井平均生产规模分别达到 2.8×10^6 t/a、2×10^6 t/a、1.8×10^6 t/a。高新技术的应用改变了煤炭工业的面貌，发达国家在实现煤炭生产工艺综合机械化的基础上向遥控和自动化发展。煤炭工业由劳动密集型向资本及技术密集型转化。20 世纪 80 年代以来，美国、澳大利亚、南非、加拿大等国劳动生产率提高了 1 ~2 倍。

（5）洁净煤技术的开发和推广应用受到各国越来越广泛的重视。日本、美国和欧盟国家先后研究开发洁净煤技术，已进入工业化应用阶段。欧洲的主要产煤国家煤炭开采成本越来越高，政府采取关闭经济效益差的煤矿及减少财政补贴等措施导致煤炭产量下降。

（6）煤炭资源与石油资源价值差距将趋于缩小。进入 21 世纪以来，随着国际原油产量逐渐接近高峰和国际市场原油价格不断创新高，有关发展替代能源的呼声不断提高。以“煤炭气化”和“煤炭液化”为核心的现代煤炭转化技术正在受到世界各主要煤炭生产国和大型煤炭公司的广泛重视，他们正在投入大量资本和人员进行煤炭转化技术研究开发以及产业化。在现代煤炭转化技术基础上形成的石油化工替代现代煤化工产业；其中，以大型煤气化为龙头的现代煤化产业已成为全球经济发展的热点产业。可以预期随着煤炭转化进步的进步、现代煤化工的发展，世界范围内煤炭代替石油的程度有加深的趋势，随着煤炭气化和液化技术的产业化和规模化运用，可以预期煤炭资源与石油资源价值差距将趋于缩小。

煤炭可能成为未来20年内需求增长最快的化石能源。据美国能源信息署预测，假设世界经济增长率为3.1%，2030年世界一次能源需求将比2004年增长57.1%，年均增长1.8%。煤炭消费年均增长2.2%，2030年绝对消费量将比目前增长73%，达到1×10^{10} t/a以上。2006年全世界煤炭消费量为3.09×10^{9} t原油当量，占世界一次能源消费总量28.4%，仅次于石油35.7%的比重。在全球能源供需偏紧、价格不断走高的背景下，煤炭价格与油气价格形成互动、长期上升趋势明确。

1.2 巷道维护状况

我国煤矿主要是地下开采，需要在井下开掘大量巷道，采用巷道支护来保持巷道畅通和围岩稳定对煤矿建设与生产具有重要意义。

对巷道进行支护的基本目的在于缓和及减少围岩的移动，使巷道断面不致过度缩小，同时防止已离散和破坏的围岩冒落。巷道支护的效果却不仅仅取决于支架本身的支承力，还受到围岩性质、支架力学性质（支承力和可缩性）、支架安设密度、安设支架时间的早晚、支架安设质量和与围岩的接触方式（点接触或面接触）等一系列因素的影响。

通常为了使巷道支架在调节与控制围岩变形过程中起到积极作用，支架应在围岩发生松动和破坏以前安设，以便支架在围岩尚保持有自承力的情况下与围岩共同起承载作用，而不是等围岩已发生松散、破坏，几乎完全丧失自承力的情况下再用支架去承担已冒落岩块的质量。也就是说，应当使支架与围岩在相互约束和相互依赖的条件下实现共同承载。

巷道支护不仅是煤炭安全开采的重要环节，同时也是其他各类矿山、隧道等地下工程至关重要的一环。如果巷道的支护技术应用有效，不仅能够保证煤炭资源的安全开采，还能鲜明地提高技术经济效益。地下工程的不断研究也推动了控制对策的不断发展，锚杆支护技术就是在这样的条件下诞生。现阶段，锚杆支护技术已经成为煤矿巷道及其他地下工程巷道主要的支护形式。国内外巷道控制对策经历了多个发展阶段，从早期材料的木支架到刚性金属支架，然后发展到了可缩性金属支架支护方式，最后出现了锚杆支护等多种形式，而其中被称为煤矿井下巷道支护方式的两次重大变革是U型钢可缩性支架及锚杆支护技术。国内外目前已经发展了各具特点的巷道支护方式，产生了包括喷射混凝土、混凝土碹、工字钢可缩性支架、U型钢可缩性支架、锚杆、锚索、锚注、锚喷、锚梁网、高强度混凝土弧板支架为主的各类单一或联合控制形式。

在20世纪40年代左右，以苏联和美国为代表的几个国家就已经开始研究并采用锚杆支护技术，主要应用于煤矿、金属矿山、隧道桥梁及水利工程等地下空间工程。锚杆支护技术凭借其独特的优点得到迅猛发展，逐步成为地下空间工程的主要支护技术。德国也是较早的研究并开始使用U型钢支护方式的国家之一，可缩性U型钢支护方法也是从德国兴盛起来的。与传统的U型钢支护技术相比，可缩性U型钢支护最大的进步就是实现了U型钢支架的可收缩性。可缩性U型钢支护技术的作用机理就是通过U型钢上下拼接处的可靠滑移阻力，保证了即使U型钢的刚度较高也能实现高阻让压。在复杂的应力环境下也能应用此支护技术，使其适应生存能力增强。但U型钢也有缺点，就是易受巷道断面形状的影响，主要应用于开拓巷道、准备巷道，而各类煤岩巷道都可以采用锚杆支护技术。

我国是从20世纪50年代开始逐渐在井下各类巷道中应用锚杆支护技术，时至今日已经过60多年的发展历程。刚开始的时候还只是在稳定围岩的巷道中试验成功了机械端锚和钢丝绳砂浆无托盘锚杆，局限性较大，在动压巷道及围岩比较松散破碎的巷道中并没有得到预期的效果。随着煤炭需求的增加及开采环境愈加复杂，采深日益增加，开采难度也日益加大。在这种大的环境下，迫切地需要发展锚杆支护技术，在这种呼声下，我国各大煤矿逐渐研究发展锚杆支护技术。为了推动锚杆支护技术、机理及施工配套机具的发展，原煤炭工业部也将研究巷道锚杆支护列为国家重大科技攻关项目，新型的锚杆支护技术就是从这时候开始发展的。

锚杆支护方面主要有三大类较为成熟的支护理论：①在锚杆悬吊作用的基础上形成的悬吊理论、减跨理论等；②基于锚杆加固、挤压作用的基础上提出的组合梁理论、组合拱理论以及楔固理论等；③在分析结合了锚杆的各种机理的基础上而产生的松动圈支护理论、最大水平应力理论、锚固体的强化理论、锚注理论以及锚杆桁架支护理论等。

锚杆支护之所以能够得到快速发展，是因为锚杆支护方式相比其他支护方式具有很多的长处。锚杆支护技术在减少巷道支护成本、加快成巷速度、增加巷道断面的利用率、改善支护作用效果、缓解井下工人劳动强度及简化回采工作面端头作业工序等方面与传统的支护方式相比具有得天独厚的优越性。经过多年的理论及实践发展，形成了以锚杆为基础的多种组合形式，比如应用较多的单体锚杆支护、锚杆与金属支架的联合支护、锚梁网组合支护及桁架锚杆支护结构等。目前，锚杆支护及以锚杆为基础的组合成套支护已经成为我国井下围岩控制的主要方法。

随着开采强度的增加及开采环境日益复杂多样化，沿空掘巷的优势逐渐显现出来，在各矿区的应用也增多，研究适合沿空掘巷的支护技术成为已关注的重点。针对我国的开采应用条件，沿空掘巷围岩控制的对策总体历经了两个发展历程：一是随着厚煤层矿井中应用沿空掘巷技术的大量增加，支护技术由木支架支护技术逐渐变为梯形棚支护技术、U 型钢支护阶段；二是随着综采机械化的发展及大型、高效的综采设备的引进，支护技术由梯形棚支护、工字钢支护等逐步过渡到锚网支护阶段。沿空掘巷一般都是作为回采巷道布置，所以可缩性 U 型钢支架就不太适用于此类巷道，锚杆支护方式的不断发展也推动了沿空掘巷技术的运用。针对沿空巷道围岩条件，我国一般都是采用锚杆支护或者工字钢架棚控制巷道围岩，然后通过注浆加固技术对局部比较破碎的围岩进行加固处理，以保证沿空巷道围岩的整体稳定。

尽管沿空掘巷围岩的稳定研究及控制对策取得了一定的研究成果，但有些方法仍有待于进一步探讨。如窄煤柱稳定性控制原理及技术、锚固体与围岩的相互作用关系均有待于进一步研究。特殊地质条件下应采取合理的围岩控制对策，若处理不好，会严重制约沿空掘巷技术的发展。通过对深部沿空掘巷围岩变形机理及破坏特征进行研究，进而找到合理的围岩控制技术，对于指导深部沿空掘巷安全开采具有重要意义。

1.2.1 支护方式简述

煤矿巷道支护经历了木支护、砌碹支护、型钢支护到锚杆支护的漫长过程。多年来国内外的实践经验表明，锚杆支护是经济、有效的支护技术，与棚式支架支护相比，锚杆支护显著提高了巷道支护效果，降低了巷道支护成本，减轻了工人劳动强度。更重要的是锚杆支护大大简化了采煤工作面端头支护和超前支护工艺，保证了安全生产，为采煤工作面的快速推进和煤炭产量的大幅度提高创造了良好条件。

井巷支护是采用不同材料支撑井巷空间，使岩层处于稳定状态的作业。井巷支护按工程项目分为竖井支护，平、斜巷支护和硐室支护三类。

1. 竖井支护

竖井断面一般都采用圆形，小型竖井也有采用矩形断面。在稳定岩层中施工竖井一般采用永久支护；当竖井穿过表土层、破碎不稳定岩层时，还必须在掘进过程中进行临时支护。使用的支护材料有木材、钢材、石材、混凝土、钢筋混凝土和锚喷混凝土等。

1）木材支护

用于小型竖井或浅井的支护，也可用作圆形空竖井的背板。木材支护一般采用直径20 cm以下的松原木，背板采用厚度为5 cm的松木板。支护形式有间隔井框和悬吊井框两种。间隔井框之间可用木柱分隔，井框支承在下部基框上，其段高视地层条件而定；悬吊井框设钢筋吊钩，支承在上部基框上，其段长根据井框质量和配用钢筋数量经计算确定。

2）钢材支护

用于小型竖井或浅井的永久支护和圆形竖井的临时支护，有井圈背板支护和金属掩护筒支护两种。

（1）井圈背板支护。用井圈背板作临时支护，先往下掘进一段，随即架设背板，直至达到所定的施工段高，然后再由下而上一边拆除井圈背板，一边进行永久支护。其施工方式有长段单行作业和平行作业，适用于砖石、混凝土与钢筋混凝土永久支护的井筒。支护形式有倒鱼鳞式、对头式、花背板式。倒鱼鳞式用于表土层、松软岩层和淋水较大岩层，具有防止片帮，安全可靠和背板可作模板用等优点；对头式用于一般基岩，具有封闭岩帮严密，背板可作模板等优点；花背板式用于稳定岩层。

（2）金属掩护筒支护。采用型钢和钢丝网或钢板制成筒形结构物，吊挂在掘进工作面上方，并随下掘而下放的支护方法，适用于稳定围岩和采用平行作业方式的井筒支护。金属掩护筒按构造形式分柔性掩护筒和刚性掩护筒两种。柔性掩护筒采用型钢制成比掘进直径小200 mm的多层圆形骨架，其间距为1 m，用钢丝绳相连，在骨架外围敷设三层镀锌钢丝网，构成一个柔性圆筒；刚性掩护筒是由型钢、钢板制成的外、内两层掩护筒和悬吊装置组成的。金属掩护筒悬挂在吊盘的下层盘，随吊盘下降而下降。

3）石材支护

用料石砌筑竖井井壁的支护方法，仅用于小型竖井、涌水量小的岩层支护。它具有就地取材、施工简单、节约投资、不用木材和钢材等优点，但存在施工效率低、机械化程度低、劳动强度大、封水性能差等缺点，适用于长段单行作业的井筒支护。支护方法：当竖井掘进至所要求的段高后，浇筑混凝土壁座或壁圈，并由下而上一边砌筑一边进行壁后充填混凝土，直至上段井壁底部。

4）混凝土支护

由于井筒断面和井深的不断加大，越来越多的竖井采用整体浇灌混凝土井壁作为永久支护的方法。表土井颈段井壁、穿过破碎岩层和地耐力较大地层的竖井段井壁应配置钢筋。混凝土井壁支护包括模板支设、混凝土搅拌、混凝土输送、井壁施工、井壁淋水综合处理措施和锚喷支护。

（1）模板支设。模板按材料分有绳捆式木模板、装配式木模板和金属模板。这些模板在地面加工井下组装，并按设计规格进行测量固定，由下往上边支模边浇灌混凝土，直至上段混凝土井壁底部。这种模板作业简单，但施工效率低、劳动强度大、材料用量多，仅适用于单行作业的竖井施工。按构造形式模板又分为活动金属模板和滑动模板。活动金属模板多用于煤矿竖井，由模板、脱模装置、刃脚、接茬模板构成，可悬挂在吊盘上或由地面稳车直接悬吊，随井筒下掘进行支护。这种模板适用于混合作业施工方式的竖井混凝土浇灌。滑动模板有整体上行滑动模板和液压滑升模板两种，利用丝杠、绞车或液压千斤顶模板，进行自下而上边提拉模板边浇灌混凝土。这种模板适用于单行作业和异段平行作业的井壁混凝土浇灌，特别适用于结构复杂的井颈段和冻结段井壁的二次复壁混凝土施工。

（2）混凝土搅拌。整体浇灌混凝土井壁时，混凝土采用机械搅拌。搅拌站可设置在井口棚内或井口棚外。设在井口棚内的搅拌站有低于井口式、高于井口式和两井共用式三种形式。

（3）混凝土输送。混凝土输送有吊桶和输送管（溜灰管）两种输送方式。吊桶输送可利用矸石吊桶、专用的底卸式吊桶或翻转式吊桶。用吊桶将混凝土下至吊盘，经受料斗、分灰器再把混凝土送至井壁模板内。输送管（溜灰管）输送包括受料斗、伸缩管、溜灰管、缓冲器、活节管等部分。输送管采用直径169 mm、厚6 mm无缝钢管，随工作面前进用法兰盘接长。输送管上部配置伸缩管和受料斗，下部装有缓冲器和活节管。缓冲器起减缓混凝土流速的作用，常用圆筒式缓冲器。活节管由15～35个薄钢板制成的锥形短管组成，总长度为8～20 m，在工作面内可以自由摆动并随模板加高而逐节拆除。输送管（溜灰管）运输方式可用于井深大于600 m的井筒施工。

（4）井壁施工。按不同作业方式进行现浇混凝土井壁施工。单行作业方式时，在工作面松茬上立底模，自下而上立模浇灌混凝土，直至上段井壁；平行作业方式时，利用吊盘或稳绳盘进行高空立模浇灌混凝土；混合作业方式时，采用活动金属模板随工作面下掘进行混凝土浇灌。若上下两段井壁接茬后仍有渗水，可用快干水泥处理；若有淋水，则应先导水，再进行壁后注浆堵水。当井壁设有梁窝时，可采用预留梁窝或现凿梁窝的方法，也可采用螺栓固定钢梁，在安装时进行施工。

(5) 井壁淋水综合处理措施。井壁淋水主要是上段井筒淋水、砌壁段井帮含水岩层涌水以及井口和管路漏水。上段井筒淋水可采取设置截水槽截水措施，将水集中后导入井底。当水量较大又集中出水时，应作注浆处理。对砌壁段井帮淋水采取的措施之一是将集中出水点包以卵石滤水层，外面以黄泥或砖石作挡水墙或采用双层模板、快凝混凝土作隔水层，再插入导水管使涌水集中流出模板后进行砌壁或浇灌混凝土，再进行壁后注浆封水。措施之二是在砌壁段井帮淋水的工作面上方架设木质或钢质挡水板、防水圈、防水槽或在吊盘上层盘进行挡水，使淋水不流入模板内。措施之三是模板内的积水可在模板上直接钻孔放出或用集水盒、穿孔钢管集水导出，或以虹吸管导水等办法排出。井壁淋水需要采取多种综合处理措施。

(6) 锚喷支护。一般用于$f>5$，而裂隙小、涌水少的围岩支护。锚喷支护的金属网用16号镀锌铁丝编成，支护时相互搭接，用楔缝式锚杆固定在井帮上，与喷射混凝土结合。在竖井支护中，喷射混凝土一般被用作永久支护。由于锚喷支护是分次施工，第一次先喷的一层厚度较小的混凝土可作为临时支护，因而锚喷支护既适用于临时支护，也可用于永久支护。

2. 平、斜巷支护

巷道支护包括安设支架和维护巷道双重含义。巷道支护有棚式支架、石材支护、锚杆支护和喷射混凝土支护。棚式支架和石材支护属刚性支护，锚杆支护和喷射混凝土支护具有一定的柔性。

1) 棚式支架

棚式支架按材料不同有木支架、金属支架、预制钢筋混凝土支架。支架可在制作厂加工，也可在现场加工，采取边掘进边架设。棚式支架的架设顺序：挖棚腿窝→立棚腿→上顶梁→打角楔→背顶梁→背帮→加撑柱或架设支架纵向拉杆。木支架、金属支架既可用作临时支架，又可作为永久支架。在斜巷支护中，当斜巷的倾角小于10°时，棚式支架应有3°~5°迎山角；倾角为10°~20°时，棚间应加顶撑；倾角为20°~30°时，棚间应加顶、底撑；倾角大于30°时，棚间应加顶、底撑和底梁，并在每段下部设置基框或承木，并由下往上进行架棚。

2) 石材支护

用于岩石松软破碎和节理裂隙比较发育及渗水的基岩支护，按不同结构形式分为砌碹支护和整体式支护两种。

（1）砌碹支护。砌碹支护材料有砖、料石、混凝土块三种。砌碹支护具有坚固、耐久、防火、阻水、通风阻力小和就地取材等优点，但劳动强度大、机械化程度低、速度慢、阻水效果和整体性能差。石材支护与掘进工作面之间的距离一般为 20 ~ 40 m，可采取单元作业或平行作业施工。当岩石较松软时，常采用由型钢制成的拱形构件作临时支护，并随掘进而架设，达到要求的段长后再进行永久支护施工。临时金属支架按围岩性质不同分为无腿支架和带腿支架两种。石材支护的砌筑顺序：拆除临时支架→掘砌基础→砌筑侧墙→立碹胎模板→砌拱→充填→养护→拆模清理。当围岩稳定性较差时，采用先墙后拱的分段抬拱梁。支护材料采用材料车按需用量供应，砌筑用的砂浆和充填用的混凝土可在现场拌制。

（2）整体式支护。整体式支护有现浇混凝土支护和钢筋混凝土支护两种，施工顺序与砌碹支护相似。

3）锚杆支护

锚杆支护是将锚杆锚入围岩内，使巷道周围形成一个整体而稳定的岩石带，以达到支架和围岩共同工作目的的巷道支护方式。锚杆种类较多，按其结构形式有 4 类 22 种，矿山中常用的锚杆有楔缝式、胀壳式、倒楔式以及树脂和水泥等点锚式锚杆；全长黏结式水泥砂浆锚杆（包括钢丝绳锚杆）；管缝式、胀管式等摩擦式全长锚固锚杆；楔管式、砂浆楔缝式和砂浆楔管式等综合式锚杆。锚杆材料可采用金属材料或者竹、木。

锚杆安设包括打眼、安装、注眼三道工序。①打眼。用凿岩机打眼或用专用的锚杆钻机、锚杆打眼安装机打眼。②安装。按锚杆种类和材料不同采用不同的安装方法。竹、木锚杆用风锤或手锤打紧、锚固；楔缝式金属锚杆用风锤、扭力扳手、普通扳手或手锤锚固；管缝式锚杆安装时需推入孔眼中预定位置；胀管式锚杆可用高压水胀管安装。③注眼。可采用先锚后注或先注后锚两种方式。竹、木、金属锚杆安装后，用注眼器、注浆器将水泥砂浆注入。对于树脂锚杆与快硬水泥锚杆，先将水泥药卷或树脂药卷用锚杆体送至孔底，再用配有特殊钻头的普通电钻、扭力扳手或普通扳手将锚杆一次安装。

4）喷射混凝土支护

喷射混凝土支护是用压缩空气将混凝土拌合料经喷枪高速喷射于岩壁表面，并与岩壁紧密黏结，构成支承结构的井壁支护。它与锚杆、钢筋网、钢纤维相结合，能提高喷射混凝土的整体性，可用作临时支护和永久支护。喷射混凝土支护具有许多优点：能使混凝土与围岩紧密黏结，在巷道周围形成岩石拱，充分发挥围岩的支承作用；巷道开挖后能及时支护围岩；喷层可以薄层支护巷道，具有良好的柔性，对初次地压大的岩层支护效果好；能填补巷道表面的凹穴，缓和应力集中；能及时封闭岩面，减少岩石的风化变形。

3. 硐室支护

硐室具有断面大、长度短、形状复杂、与周围井巷工程连接多等特点。大多硐室还要求具有隔水、防潮等性能。硐室支护常与井筒支护、车场巷道支护同时进行，使之成为一个整体。硐室支护可采用现浇混凝土和锚喷混凝土支护，其顺序有先拱后墙和先墙后拱。在不稳定岩层中施工硐室时，要进行临时支护，常用的临时支护有木支架、钢支架、锚喷等形式。

1.2.2 支护存在问题简述

1. 软岩巷道支护变形存在的问题

高应力作用下的软岩巷道支护是矿山开采中主要问题之一，巷道顶板不稳定会直接影响巷道的安全，巷道两边的下沉或移动易导致巷道两侧变形严重，巷道底板受高应力的影响处于未保护的状态。随着开采的深入，底板岩层的水平应力增加，容易出现变形的情况，若挖掘处于倾斜方向，会出现顶板破坏的情况。巷道软岩具有风化松软和遇水膨胀的特点，开挖后要及时进行混凝土喷射，既可防止围岩风化松动，又可以提供支撑。软岩变形持续时间较长，在支护方式的选择上，可以选择二次支护或多次支护来防止围岩扩大变形。矿山开采岩体受到破坏后，巷道围岩的裂痕不断扩展，硬岩巷道可以随着围岩强度而控制围岩松动的发生，但软岩巷道则对支护方式有很高的要求，因此软岩巷道支护的关键是改善围岩自身的承受能力。

2. 深井巷道支护存在的问题

1）深井巷道围岩破坏机理

(1) 深井巷道开挖完成之后，原本的水平传递应力会作用于顶板中部位置，导致顶板底部的岩石承受的作用力增强。在较大水平作用力的负荷之下，使得顶板的承受能力到达极限，顶板岩层会发生断裂，导致深井巷道支护出现问题。

(2) 由于岩石材料的质量以及自身特点，其可以形成沿层面的破坏，或者是部分区域遭到破坏。主要是因为围岩经受长时间的作用力，并且作用力的大小不均匀，容易导致巷道顶板中间位置发生损坏。

(3) 围岩在受到巨大压力的时候，压力超出其承受范围，会导致其发生破裂。破裂的围岩会形成楔形块状，部分位置发生移动，导致围岩内部会发生收缩，正交方向会发生膨胀，从而造成顶板破坏。

(4) 围岩在发生变形之后，整体会产生松动，对于外部的作用力承载能力较低。若是向其施加压力，其会将本该承担的作用力转移到周围岩石身上，使得其周围的岩石承载力变大，严重者会导致周围的岩石遭到破坏。同时变形的岩石对于水平作用力的传递能力较低，使得作用力作用于顶板，顶板岩石则需承担更大的压力。

(5) 若是岩石需要重新承受应力，并且应力的强度大于岩石上层部位的最大承载能力，会导致顶板受到新的破坏，这种破坏能够进行延伸，若不进行处理，会一直扩大破坏范围。遭到破坏的岩石，对于其下面以及周围的岩石都会施加一定的作用力，导致其他岩石的承载负荷增大。容易造成巷道顶板岩石下沉，直到遇到质量非常坚固，承载范围较大的岩石，或者是强大的支护系统，此种破坏才会停止。

2）深井巷道围岩破坏模式

煤矿开采深度不断增大，围岩受到的作用力强度也不断增强。若是水平应力的强度较大，巷道围岩的破坏路径通常是可以根据实际情况预测的。破坏路径主要是通过巷道围岩应力的重新分布、不同的岩石对应力的传递效果等来确定。围岩的水平应力是相对变化的，比如一些出现裂纹的顶板，其能够承载的作用力较小，即使水平作用力的强度不是很大，也会造成其发生破坏；而对于一些承受荷载能力非常高的岩石，即便是水平作用力特别大，也不会对其造成破坏。

3）冲击地压巷道

随着各矿井开采年限的增加，开采深度越来越深，近年来发生的各种冲击地压事故不断增多。冲击地压事故危害性巨大，具有十分复杂的发生机理，且影响因素较多。冲击地压巷道来压特征如下：

(1) 来压剧烈，存在显著的动力特征。一般顷刻间就可摧毁几十米的巷道，可抛出几十吨甚至上百吨的煤岩体，可瞬间堵塞巷道断面。

(2) 突发性强，来压前征兆不明显。时常会突然发作，像爆炸一样。

(3) 破坏性大，当冲击地压爆发时，通常会伴随着放出大量冲击能量，导致巷道闭合，严重损毁设备甚至引发人员伤亡。

4）支护技术存在的问题

煤矿巷道支护技术现在的应用很广泛，为煤矿企业带来更高的经济利益，同时为开采工人带来了更高的安全保障，所以得到大多数煤矿企业的大力支持。但是，现在仍然有一些比较突出的问题。

(1) 由于煤矿企业为追寻更大的经济利益，导致煤矿矿井的开采深度越来越大，再加上复杂的地质条件和煤矿巷道的压力，使得巷道支护技术的难度愈来愈大。

(2) 当前由于深部巷道围岩破坏的理论研究不能很好地支持煤矿巷道工作，因此需要更多更加合理的理论来支持现在的巷道开采与支护技术。

(3) 当前的煤矿巷道支护技术采用工程比拟法来指导煤矿巷道的各种参数设置，由于缺乏严谨科学的计算机动态辅助系统和巷道支护的合理性评价系统，所以无法保障煤矿企业使用锚杆支护技术进行作业，因此也无法保障煤矿巷道的安全性和经济利益。

(4) 由于目前的一些技术在深部动压影响区和构造的压力带上无法使用，锚网喷的二次支护技术理论需要进行更深入的调查研究，适时找出合适的解决方案，并进一步完善技术理论，而不是为了获取高额利润而不惜牺牲环境，不断加大矿井的深度。

(5) 因为经常受到震动，所以对于螺距大、锁紧力不高的情况，支护材料容易出现安全隐患，如爆破后松动的现象；而且一些材料根本不适合作为巷道支护材料，因为不满足条件。

1.3 工作面矿压规律

1.3.1 沿空掘巷上覆岩层结构

由于上区段工作面推进过程中顶板运动的影响及上覆岩层支承压力的变化，造成工作面两侧煤体及煤层顶板支承压力的变化，因此，沿空顺槽上覆岩层结构是随着周边采动状况及时间的变化而变化的，如图 1－1 所示。

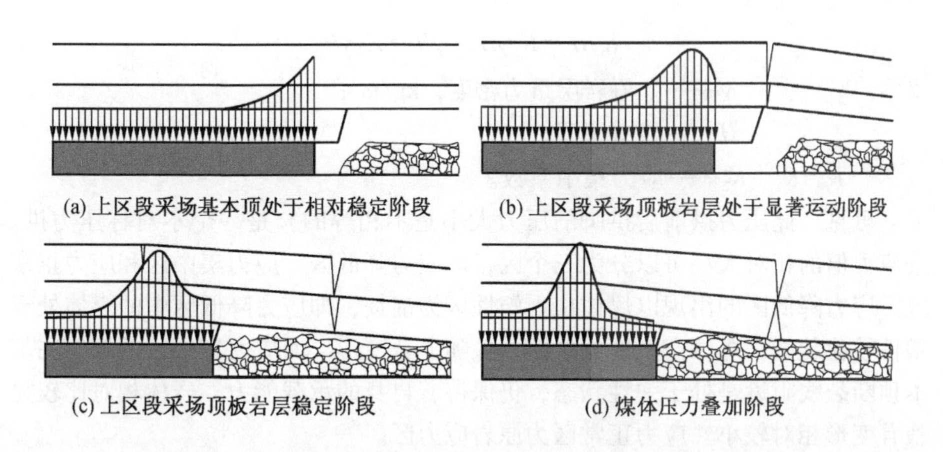

图 1－1 沿空巷道上覆岩层随上区段工作面回采的变化过程

煤体在上区段采场工作面回采过程中，由弹性状态进入到塑性破坏阶段，煤体产生了很大的变形量。随着采动的影响及时间的延长，上覆岩层断裂并逐渐反转下沉。当上覆岩层与邻近采空区矸石接触并压实后，煤体变形基本稳定，上覆岩层架构已基本形成，如图1-2所示。

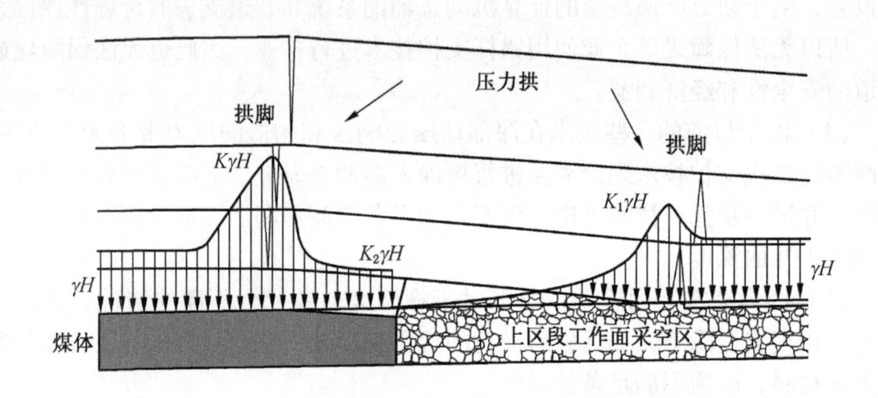

图1-2　沿空巷道上覆岩层结构

由图1-2可以看出，在煤体上方应力分布与底板应力分布组成了压力拱模型。即存在两个压力高峰拱脚，一个为$K\gamma H$，位于采场基本顶在煤体内断裂的部位；另一个为$K_1\gamma H$，位于采场基本顶在采场采空区触矸的部位。各个部位应力分布大小关系为

$$K\gamma H > K_1\gamma H > \gamma H > K_2\gamma H$$

式中　γ——上覆岩层重力密度，kg/m³；

H——巷道埋深，m；

K、K_1、K_2——应力集中系数。

可见，此压力拱前后拱脚的压力大小是不相等的，是一个不对称压力拱。按应力值的相对大小可以分为三个区，即应力降低区、应力集中区和应力正常区。应力降低区的出现以煤体出现塑性区为前提，即应力降低区中的煤体处于塑性软化状态，煤体产生新的裂隙并伴随显著变形。而应力集中区的煤体在基本顶断裂线附近是处于弹性状态，仍保持着自身的承载能力，岩体相对比较完整且变形相对较小。应力正常区为原岩应力区。

两个压力拱脚实际上是基本顶两端破裂部位密切相关的应力集中区，是该段岩梁的两个端头承载支点。煤体中的应力高峰是弹性应力高峰，矸石中的应

力高峰是塑性应力高峰。在弹性应力高峰的采空区一侧，存在着一个相对低应力状态的峰后煤体。

根据压力拱中的应力分布特点，沿空巷道的掘巷位置有4种，如图1-3所示。在应力降低区中沿空掘巷（位置1、位置2），在应力升高区中的煤柱护巷（位置3），在原始应力场的大煤柱护巷（位置4）。由煤体上方支承压力分布规律可以看出，在位置3掘进巷道，正处于支承压力高峰区，巷道不易维护；在位置4掘进巷道，虽然巷道比较容易维护，但煤柱损失比较大，不符合充分利用和节约煤炭资源的原则，故这两种位置都不可取。在应力降低区中沿空掘巷分为无煤柱掘巷（位置1）和小煤柱掘巷（位置2）两种。无煤柱掘巷虽然能充分开采煤炭资源，但存在巷道通风、上区段采场采空区残煤自燃等不利因素。因此，沿空掘巷的最佳位置为位置2，最佳煤柱尺寸应是在煤柱煤体不发生裂隙向采空区漏风、诱发自燃、有利于巷道维护的条件下的最小煤柱尺寸。

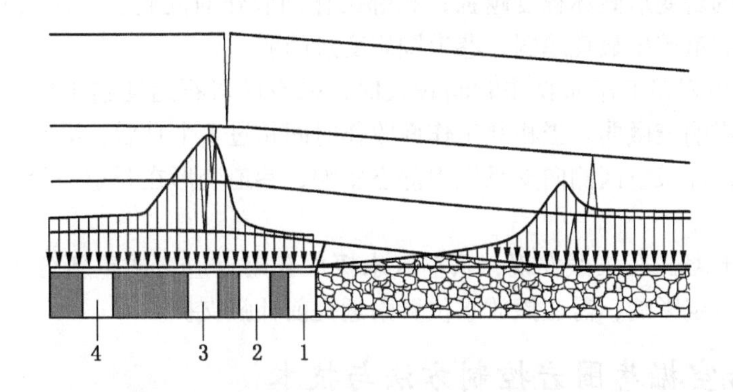

图1-3 沿空巷道的掘巷位置

1.3.2 沿空掘巷矿压显现规律

1. 掘进期间矿压显现规律

在掘进影响期内，开切眼变形最大，其次是运输巷，回风巷变形最小。一般来讲，掘进期间巷道变形主要受以下因素的影响：巷道几何形状和尺寸、支护方式、埋藏深度、围岩力学性质及邻区采动状况等。回风巷沿采空区掘进正处在横向支承压力降低区内，这是沿空掘巷比较合适的位置。与回风巷相比，运输巷正处在上分层开采后形成的支承压力升高区内，这也是掘巷过程中运输巷变形明显大于回风巷的主要原因。从巷道围岩承载能力上看，运输巷围岩的承载能力最高，开切眼次之，回风巷最小。由以上分析可以得出，掘进期间影响沿空巷道变形的主要因素是巷道围岩体的应力集中水平，其次是围岩体的自承能力。掘进工作造成的围岩移动是小规模的人为扰动所引起的矿压显现，从力源上讲，掘进期间巷道的变形主要是横向支承压力作用的结果。

2. 回采期间矿压显现特征

与回风巷相比，运输巷采动影响范围较大。运输巷和回风巷超前支承压力变化趋势基本相同，运输巷支承压力影响范围明显大于回风巷。回采工作造成的围岩移动则是大规模人为扰动所引起的矿压显现，从力源上讲，回采期间的巷道变形主要是横向支承压力与工作面开采引起的纵向支承压力叠加作用的结果。

3. 相邻采空区影响下沿空掘进巷道的矿压显现规律

（1）相邻工作面采空区压实阶段对沿空掘进巷道矿压显现有显著影响。

（2）相邻工作面收作时间越短，压实程度越弱，沿空掘进巷道矿压显现越剧烈，围岩变形破坏程度越强；相邻工作面收作时间越长，压实程度越强，沿空掘进巷道矿压显现越弱，巷道围岩变形越弱。

（3）当相邻工作面收作时间较长时，采空区岩石运动趋于稳定，对沿空掘进巷道影响较微弱。当相邻工作面收作时间超过 8 个月后，沿空掘进巷道只受相邻工作面采空区侧向支承压力静态影响，巷道变形在开挖一段时间后趋于稳定。

（4）现场工程实践发现，采空区水探放孔附近应力的重新分布对巷道矿压显现有一定影响，需在探放水位置附近提前补强支护。

1.4 沿空掘巷围岩控制方法与技术

1.4.1 巷道围岩控制方法

沿空掘巷作为一种特殊的回采巷道，其围岩力学环境具有 4 个显著的特点。

（1）巷道处于应力降低区。

（2）掘巷期间围岩应力集中程度小。

（3）回采期间应力集中程度很大。

（4）巷道围岩松散破碎。

通过对现场情况进行深入观察，沿空掘巷在巷道掘进和工作面回采期间，巷道稳定性影响因素有所差异。因此，对沿空掘巷不同时期的稳定影响因素进行具体分析是研究巷道矿压显现及进行巷道围岩控制的基础。

结合巷道的实际地质采矿条件，深入分析留设窄小煤柱沿空掘巷在掘巷影响期间和受本工作面采动影响期间的稳定性影响因素，以及保证巷道整体结构稳定性方面，提出采用高强锚网索支护技术控制、加固沿空掘巷“小结构”的稳定性。基本支护采用高强稳定型锚网索支护，对巷道围岩进行及时有效的加固；巷道围岩浅部支护与围岩共同形成可靠的承载结构，建立巷道围岩“小结构”与深部围岩“大结构”之间的力学约束，使浅部围岩应力向深部转移，调动深部围岩强度。加强锚杆支护是通过在巷道围岩中系统布置锚杆和加强护表构件提高围岩整体承载结构的承载性能，该结构兼备预应力主动加固围岩体作用和柔性让压作用，可在充分发挥围岩自承能力的同时，允许窄煤柱沿空巷道适量变形释放能量，从而保证巷道的稳定性。

1.4.2 巷道围岩控制技术

巷道围岩能否保持稳定的状态是由围岩自身的强度、围岩内的应力和支护状况这三个因素共同决定的。因此，对巷道围岩的控制也得从这三个方面入手，即选择合理的布置和形状来降低巷道围岩的应力，选取适当的支护手段来改善围岩的力学行为特性。然而，由于井工开采技术条件的局限性，巷道位置的布置和所处岩性的选择并不完全由人的意志决定，而且巷道从开掘到报废的整个服务期间要经历掘进、回采等一系列复杂的影响过程，巷道围岩要发生“弹塑性→破裂→破碎→松动”的形变过程，甚至巷道表面厚岩层在掘进的过程中已经处于了破碎的不稳定状态。只有正确地认识到各个变形阶段巷道围岩在不同支护条件下达到稳定状态的力学机制，才能达到有效控制巷道围岩的变形与破坏的目的。

1. 降低巷道围岩应力的主要途径

（1）减轻巷道所受压力最根本的措施是掌握采场的应力分布状况，把巷道布置在低应力区，具体措施有尽量布置沿空留巷或沿空掘巷、在掘巷前预先回采、把巷道布置在已回采的采空区内或宽面掘进巷道等。具体选择哪种措施要根据巷道的用途和所处的地质地层条件确定，如沿空留巷或沿空掘巷可用于回采巷道，宽面掘进可用于薄煤层。

（2）在地质地层条件良好的岩层内布置巷道，当其他条件相同的情况下，巷道围岩的形变和支架的受力状况会随着岩层自身物理力学性质的不同而不同。所以，布置巷道位置时，选择物理力学性质良好的岩层可以有效降低回采巷道的受力状况。物理力学性质良好的岩层具体是指地层赋存条件较稳定、完整性和各向连续均质性好、自身强度高的岩层。

（3）通过采取局部改善巷道周围应力场的支护措施可以起到给巷道卸压

的目的，促使巷道周围的高应力向深部转移到受采掘扰动影响较小的岩体内，从而使巷道围岩处于低应力区。巷道卸压的主要方法有钻孔、切槽和爆破等。

2. 改善围岩力学性质的主要途径

（1）通过围岩内部注浆、围岩表面喷层和整体锚固等措施改善巷道围岩的自身构造特征，提高围岩完整性，从而增强其承载能力。

（2）选取合理的布置位置和支护手段使围岩不处于单轴受压或拉伸的应力状态，尽量使岩体处于二维受压的应力状态，从而发挥岩体自身的高强度特性，改善围岩的应力状态。主要措施有根据所处地层的应力分布情况选取合适的巷道方位和断面形状，通过合理的支护手段增强巷道围岩所受的围压等。

3. 巷道支护

虽然采取了适当的巷道卸压与围岩加固技术措施，但煤系岩层所处的地质力学条件特殊，所以还必须通过一定的支护手段来保证巷道围岩的稳定。

2 深部煤层地应力

2.1 深部煤层地应力概述

经国内外科学家以及工程技术人员的多年研究，人们对地应力的成因、组成及分布规律有了许多成熟的研究成果。地应力是在地质历史中由于多种地壳应力的联合作用所产生的，其主要由自重应力、构造应力以及残余应力等组成，在各种大地构造环境中，地应力的分布特征是有规律可循的。

目前，针对煤层的开发利用主要集中在两个方面：煤层气开发和煤炭的开采。煤层地应力的研究对于这两方面都有着举足轻重的实际意义，地应力影响煤储层的渗透性和压裂裂缝的形态及扩展方向，影响着煤层开发的整个过程。

首先，煤层地应力的研究有助于提高煤层气井的钻井安全性。在钻井之前，深埋地下的煤层受到上覆岩层压力、最大水平主应力、最小水平主应力和孔隙压力的作用，处于平衡状态。井眼打开后，地层岩石被破碎返排，井壁岩石失去原有支持，井眼应力将重新分布，使井壁附近产生较高的应力集中，如果岩石强度不够，就会产生井壁不稳定现象。通过调整泥浆密度，与煤层地应力配合，可以实现稳定井壁的目的。

钻井液密度过低，井壁岩石由于应力集中超过了其抗剪切强度会发生剪切破坏，导致井眼的坍塌、扩径或者屈服缩径；钻井液密度过高，井壁岩石所受拉伸应力作用超过其抗拉强度，岩石会发生拉伸破坏，导致井漏甚至井喷。

可见，从实质上井壁稳定与否最终都表现在井眼围岩的应力状态与岩石破坏准则的对比之上。因此，对于地应力状态的研究准确与否将直接决定钻井施工设计和施工过程的正确与否。

其次，煤层地应力的研究对于煤层气井水力压裂开发有重要意义。国内外研究表明，地应力对于煤层的渗透性、压裂的裂缝形态以及增产效果的影响是决定性的。因此，对煤层分层地应力的研究就显得意义重大。

1）地应力对缝高的影响

理论和实践证明，煤岩与顶底板岩石在弹性模量上的差异会限制缝高的扩展。煤层的弹性模量比较小，一般都是比底层和盖层岩石的弹性模量小 1 个数量级，所以会使煤层裂缝的缝高有变小的趋势。同时，煤层与顶底板岩层之间最小水平主应力的差异也会限制，缝高的扩展，但可以肯定的是对于缝高的限制，弹性模量的影响要小于地应力的影响。

影响缝高的因素包括：

（1）产层与盖层应力差。影响缝高的主要因素，应力差越大，缝高越小。

（2）弹性模量。影响缝高的重要因素之一，产层弹性模量越大，形成的裂缝越窄，相应的在缝高方向上的延伸会增大。

（3）岩石断裂韧性。对缝高的影响较小，断裂韧性越大相同条件下产生的裂缝越窄，但是在缝高方向的延伸会相应增大。

（4）地面排量。对缝高的影响较小，一般排量越大，产生的裂缝尺寸就越大。

（5）滤失系数。对缝高的影响很小，滤失越严重，相同条件下产生的缝高就越小。

2）地应力对缝宽的影响

理论和实践证明，煤层与围岩弹性模量之间的差异会影响裂缝的宽度。煤层的弹性模量比较小，一般都是比底层和盖层岩石的弹性模量小 1 个数量级，所以会使煤层裂缝的缝宽有变大的趋势。同时，煤层与顶底板岩层之间最小水平主应力的差异也会限制裂缝的宽度，最小水平主应力越小，缝宽越大。

3）地应力对缝长的影响

对于煤层，一般会出现短宽缝，很大程度上是由煤层的地应力小于上下围岩造成的。若煤层与上下围岩的最小水平地应力差较大，且层间胶结不好，煤层压裂过程中，裂缝扩展到交界面时很可能会产生 T 形缝，这种现象在现场施工中已经得到证实。因此，煤层分层地应力会影响到裂缝的形态。

由此可见，煤层地应力影响着煤层开发的各个阶段。开展煤层地应力的研究对于提高我国煤层气开发水平和煤炭开采安全有着重要意义，从长远看有助于提高我国的煤炭资源开发利用程度，保证我国的能源安全。

此外，煤层地应力还会影响煤层的渗透率、孔隙性以及煤层气的含气量，直接影响煤层水力压裂的增产效果。最后，煤层地应力的研究有助于提高煤炭开采的井巷安全。煤炭开采的方法之一是开掘巷道，如前所述，在巷道及矿井壁上会产生应力集中，如支护设施强度不够或者支护方位不合适，当遇突发情况时，极有可能出现巷道和矿井安全事故，对工人的人身安全和国家、企业的经济财产造成巨大损害。研究煤层地应力可以提高矿井和巷道应力状态预测的准确性，提高开采施工的安全性，从而一定程度上避免和减少损失。此外，煤层地应力还会影响煤层中气液流体的运移、开发过程中的套管损坏和气井的出砂防砂等。

2.1.1　深部煤层地应力基本概念

1. 地应力的研究历史

地壳岩体的天然应力状态是多种应力在一个具体地区以特定方式组合作用的结果，它取决于地区的地质条件和岩体所经历的地质历史。但是人们对于任何一个问题的认识，不仅需要一个过程，而且也需要有一定的研究、测试手段。在这些条件具备之前，一个正确而完整的概念是不可能建立起来的。然而，为了解决与之有关的各类实际问题，人们往往以某些局部的资料或某些理论为依据，提出一些观点或假说。尽管有些观点或假说不够完善，甚至包含着错误，但大都反映着该问题的某些侧面，了解它对全面地认识问题是有益处的。长期以来，人们对于岩体天然应力状态的认识也是如此，曾发展出多种观点，特别是随着地应力实测理论和方法的不断成熟，尤其是20世纪中叶以来普遍使用的套孔法应力解除法以及20世纪80年代以来发展迅速的水压致裂法，丰富的资料和大量的研究成果，促使地应力的研究产生了一个质的飞跃。

1）静水应力式分布的观点

1905—1912年，海姆（Heim）提出静水应力式分布的观点。以岩体具有蠕变的性能为依据，认为地壳岩体内任一点的应力都是各向相等的，均等于上覆岩层的自重（重力加速度取值为10 m/s^2），即

$$\sigma_x = \sigma_y = \sigma_z = \gamma h \tag{2-1}$$

式中　σ_x——水平 x 轴方向地应力，MPa；

σ_y——水平 y 轴方向地应力，MPa；

σ_z——垂向地应力，MPa；

γ——上覆岩层重力密度，kg/m^3；

h——应力测量点的深度，m。

现有资料表明，这一假说仅适用于某些具体条件，并不具普遍意义。

1957年，Talobre参考海姆（Heim）1912年所提出的建议提出岩石不能承受较大的应力差值和与时间有关的变形影响，这就可能在整个地质年代使水平应力和垂直应力趋于平衡。

2）垂直应力为主的观点

垂直应力为主的观点认为岩体内的应力主要是重力场作用下形成的自重应力。1952年，Terzaghi和Richart提出了岩石应力计算方法：在地质上未受扰动区域内的沉积岩，若岩层是由许多水平层组成的，且水平尺寸保持不变，则

侧向的水平应力 σ_x 与 σ_y 相等，即

$$\sigma_x = \sigma_y = \frac{\mu}{1-\mu}\sigma_z \tag{2-2}$$

式中 σ_x——水平 x 轴方向地应力，MPa；

σ_y——水平 y 轴方向地应力，MPa；

σ_z——垂向地应力，MPa；

μ——泊松比。

对于泊松比 $\mu=0.25$ 的典型岩石来说，由式（2-2）可知，当侧向应变等于零时，侧向应力 σ_x 与 σ_y 均等于 σ_z 的1/3，而实测的水平应力很少像式（2-2）所算得的应力那样低。因此，推导式（2-2）时所做的基本假定并不符合实际的地质情况。

3）水平应力为主的观点

早在20世纪20年代，李四光就指出地壳运动是以水平运动为主，应力场是以水平应力为主导。已有的大量实测资料表明，世界上大多数地区地壳岩体内的天然应力状态是以水平应力为主。

4）国外的一些观点

1980年，Hoek等通过对南非地应力测量成果的分析整理，提出实测所得的垂直应力值与用一定高度的覆盖岩层质量算得值十分吻合，后者计算式为

$$\sigma_z = \gamma \cdot Z \tag{2-3}$$

式中 γ——上覆岩层重力密度，kg/m^3；

Z——应力测量点的深度，m。

5）国内的一些主要观点

1983年，孙广忠提出许多地区至少都有万米以上的上覆岩层，现今地面上原垂直地应力显然大于300 MPa，由于上覆岩层的剥蚀，现今地表浅层垂直地应力仅为几个兆帕，显然卸荷释放掉的应力值近300 MPa；尽管残余构造应力很低，但仍保持着原构造地应力场的格局，所以构造残余应力是很难释放殆尽的。这一现象在河谷两侧岩体中的地应力分布亦有显示，几乎在任何情况下，测得到的地应力都超过由上覆岩石计算得的应力值，而在接近河谷岸坡表面存在有地应力若干分带现象。已经发现在接近河谷岸坡表面部分是岩石弱化和应力偏低的地带，往下则转变为应力集中带，亦地应力偏高带，再往下则逐渐过渡到地应力稳定区。地应力偏高带的位置几乎与河谷岩坡平行。岩体内地应力由于剥蚀卸荷大量释放，但又不能释放殆尽。

1981年，张悼元等对地壳剥蚀过程中地应力变化进行了简单计算。地表

未受构造扰动的侵入岩体（或经过深层蠕变的岩体），其应力状态的形成通常经过两个阶段。首先是侵入（或深层蠕变）阶段，在此阶段内，由于岩体呈熔融状态侵入地下某深处（或由于蠕变），故其中的应力呈静水应力式分布。此后，岩体经剥蚀而露出地表，此过程中岩体内的应力随之改变。

2. 地应力的基本概念

地应力是在地壳中没有受采掘工程等扰动条件影响下的原岩应力。地应力是赋存于岩体内部的一种内应力，是岩体存在的一种力学状态，是在地质历史中由多种地壳应力的联合作用产生的，其主要由自重应力、构造应力以及残余应力等组成，是岩体中各个位置及各个方向所存在应力的空间分布状态。地应力是确定工程岩体力学属性、进行岩体稳定性分析及实现岩土工程开挖设计和决策科学化的前提。在煤矿 1000 ~ 1500 m 的深度开采范围内，仅重力引起的垂直原岩应力（>20 MPa）通常已超过工程岩体的抗压强度，而由于工程开挖所引起的应力集中水平（>40 MPa）则远远大于工程岩体的抗压强度。据南非在 3000 ~ 5000 m 之间的地应力测定，其地应力水平为 95 ~ 135 MPa。因此查明深部煤层底板岩体地应力大小和方向是保证今后煤矿安全生产的基础。

2.1.2　深部煤层地应力成因和组成部分

1. 地应力成因

地应力主要是在重力场和构造应力场的共同作用下而形成的，并且与地球的各种动力运动过程有关，主要包括板块边界挤压、地心引力、地幔热对流、岩浆侵入、地球内应力、地球旋转和地壳非均匀扩容等。另外，由于地层温度分布不均、水压存在压力梯度、地表剥蚀等原因也可引起相应的应力场。

1）大陆板块边界受压引起的应力场

亚欧板块受到外部两块板块（印度洋板块和太平洋板块）的推挤，推挤速度为每年数厘米。同时还受到了西伯利亚板块和菲律宾板块的约束，如图 2 - 1 所示。在这样的边界条件下，板块发生变形，产生水平受压应力场，印度洋板块和太平洋板块的移动促成了中国山脉的形成，控制了我国地震带的分布。

2）地幔热对流引起的应力场

由硅镁质组成的地幔温度很高，具有可塑性，并可以上下对流和蠕动。当地幔深处的上升流到达地幔顶部时，就分为一股方向相反的平流，经一定流程直到与另一对流圈的反向平流相遇，一起转为下降流回到地球深处，形成一个封闭的循环体系。地幔热对流引起地壳下面的水平切向应力，在亚洲形成孟加拉湾一直延伸到贝加尔湖的最低重力槽，它是一个有拉伸特点的带状区。我国

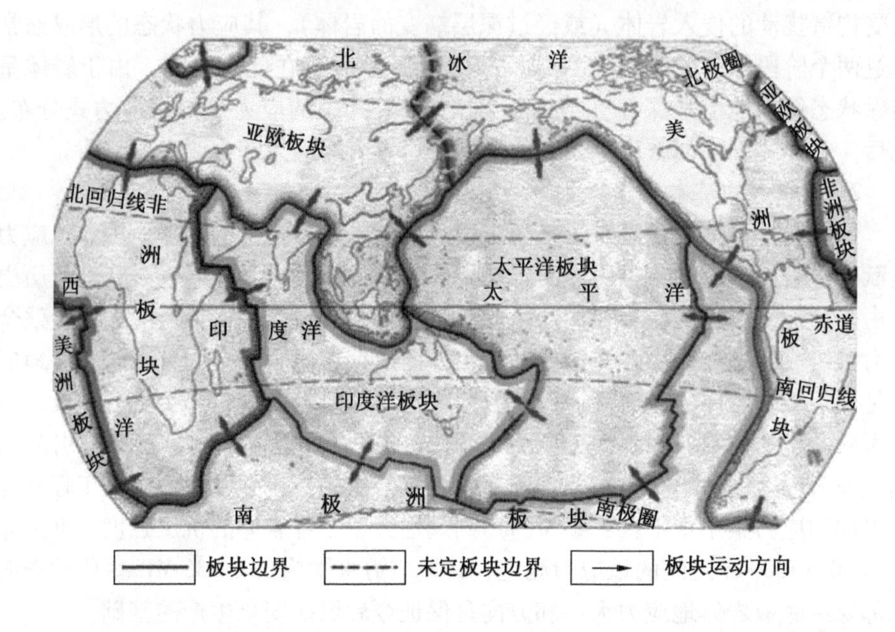

图2-1　板块边界受压

从西昌市、攀枝花市到昆明市的裂谷正位于这一地区，该裂谷区有一个以西藏自治区为中心的上升流的大对流环。在华北地区西部山西地堑系有一个下降流，由于地幔物质的下降，引起很大的水平挤压应力。

3）由地心引力引起的应力场

由地心引力引起的应力场统称为重力应力场。重力应力场是各种应力场中唯一能够计算的应力场。地壳中任一点的自重应力等于单位面积上覆岩层的重力，重力应力为垂直方向应力，它是地壳中所有各点垂直应力的主要组成部分。但是垂直应力一般并不完全等于自重应力，因为板块移动、岩浆对流和侵入、岩体非均匀扩容、温度不均和水压梯度均会引起垂直方向应力变化。

4）岩浆侵入引起的应力场

岩浆侵入挤压、冷凝收缩和成岩均在周围地层中产生相应的应力场，其过程也是相当复杂的。熔融状态的岩浆处于静水压力状态，对其周围施加的是各个方向相等的均匀压力。但是炽热的岩浆侵入后逐渐冷凝收缩，并从接触界面处逐渐向内部发展。不同的热膨胀系数及热力学过程会使侵入岩浆自身及其周围岩体的应力产生复杂变化过程。与上述三种应力场不同，由岩浆侵入引起的应力场是一种局部应力场。岩浆侵入如图2-2所示。

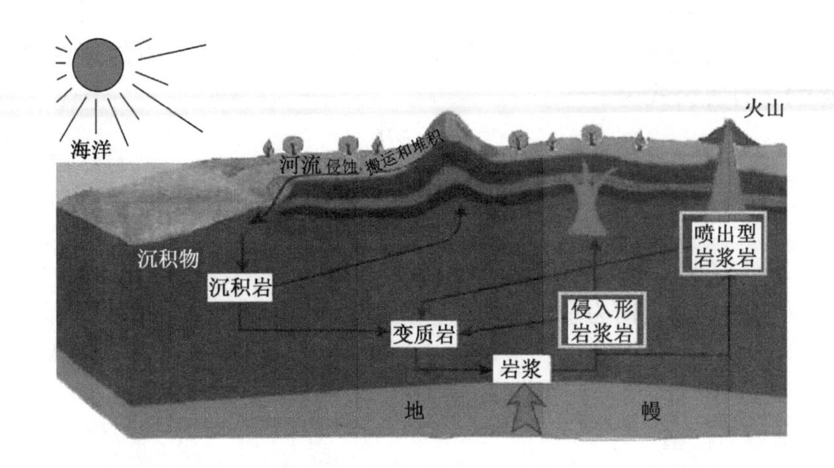

图 2-2 岩浆侵入示意图

5）地温梯度引起的应力场

地层的温度随着深度增加而升高。由于温度梯度的存在，造成不同深度地层具有不相同的膨胀性能，从而引起地层中的压应力，其值可达相同深度自重应力的数分之一。另外，岩体局部寒热不均，产生收缩和膨胀，也会导致岩体内部产生局部应力场。

6）地表剥蚀产生的应力场

地壳上升部分岩体风化、侵蚀和雨水冲刷搬运而产生剥蚀作用。剥蚀后，由于岩体内颗粒结构的变化和应力松弛赶不上剥蚀变化，导致岩体内仍然存在着比地层厚度所引起的自重应力还要大得多的水平应力值。因此，在某些地区，大的水平应力除与构造应力有关外还和地表剥蚀有关。

2. 地应力组成

构造应力场和自重应力场是地应力场的主要组成部分。

1）构造应力场

板块构造理论认为地球各大板块在不停地发生着挤压、分离等运动。在这个过程中受到洋脊推力、板块牵引力及海沟吸引力三种驱动力作用。Zoback指出，地球整体性运动过程产生的力、板块边界力及海洋岩石层冷却中的热弹性力等大尺度构造力决定的构造应力场为大规模的板块内地质学问题提供重要的边界条件。

2）重力应力场

重力应力场的大小是唯一可精准计算的。重力应力场是由于地心的引力而形成的，其大小与其上覆地层单位面积上的重量相等（重力加速度取值为 10 m/s^2），计算公式为

$$\sigma_G = \gamma H \tag{2-4}$$

式中 σ_G——重力应力，MPa；

γ——上覆岩层重力密度，kg/m^3；

H——埋深，m。

重力应力场的方向为垂直方向，它是地层中垂直应力的主要组成部分。通常情况下，由于板块的运动、岩浆的侵入和对流、地温的分布不均和水压梯度的不同，垂直应力并不完全等于自重应力，有时甚至相差较大。

3. 地应力模型

岩石应力场的形成原因有很多不同的说法。但是，现代地应力场的形成主要与以下三个方面有关：一是岩石自重产生的应力；二是现代构造运动引起的构造应力；三是地表附近地形起伏而改变两者之间岩层的地应力大小和方向。

海姆（Heim）最先假设在地壳中一定深度处岩石在上覆岩层重力作用下，在铅垂方向上产生压应力作用。煤层某深度处压应力大小为

$$\sigma_v = \int_0^h \rho(z) g \mathrm{d}z \tag{2-5}$$

式中 σ_v——煤层中某点处由重力作用造成的压应力，MPa；

$\rho(z)$——埋深为 z 处的煤层的密度，kg/m^3；

g——重力加速度，值为 9.8 m/s^2；

h——目标煤层所处深度，m；

z——煤层埋深，m。

假设岩石为各向同性材料，在围岩约束下，该点岩石侧向应变受到限制为 0，在岩石的泊松效应作用下产生了均匀的水平地应力：

$$\sigma_h = \sigma_H = \frac{\mu}{1-\mu}\sigma_v \tag{2-6}$$

式中 μ——泊松比；

σ_h——围岩水平应力，MPa；

σ_H——围岩垂向应力，MPa。

σ_v——煤层中某点处由重力作用造成的压应力，MPa。

20 世纪 80 年代中期，华东石油学院的黄荣樽提出了考虑构造应力作用的地应力模型，认为上覆岩层压力是由重力作用产生，而水平方向的地应力则由

重力作用的泊松效应和构造应力共同产生，且构造应力与有效上覆岩层压力成正比。

但是，模型没有考虑岩石力学性质差异对构造应力的影响。20 世纪 90 年代，石油大学提出了考虑地层岩石力学性质差异的组合弹簧模型。该模型的基本思想是，在构造运动过程中，每次构造运动对地层的变形作用是协调一致的，即每层的变形量相同，但是由于各层刚度（弹性模量、泊松比）不同，导致各层内部产生的构造应力不同。构造应力组合弹簧模型示意图如图 2－3 所示。该模型在 21 世纪初得到了国内外的普遍认可，广泛用于砂泥岩压力剖面的预测分析，在常规砂泥岩地层分层地应力的预测方面取得了良好的预测效果。然而，在煤层分层地应力的预测方面，该模型的预测效果存在明显的误差，组合弹簧模型的应用存在一定的局限，仍需进一步改进。

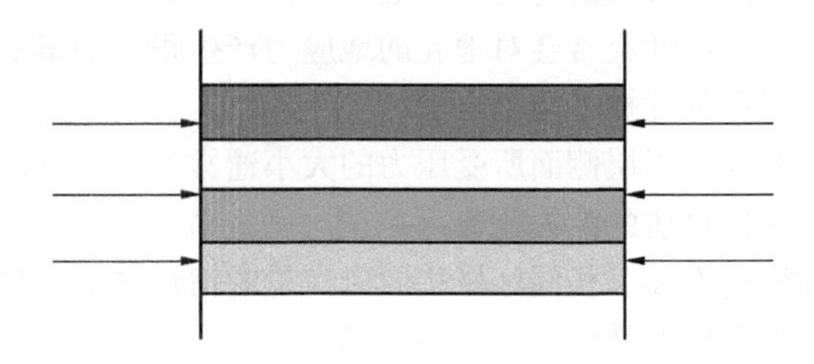

图 2－3　构造应力组合弹簧模型

2.1.3　深部煤层地应力影响因素

1. 地壳构造运动对地应力的干扰

通过测量大量的地应力表明，地壳构造运动引发了构造应力的形成，它是干扰地应力的主要成分之一，特别是对水平方向地应力造成极大的干扰。地壳构造活动的特性和大小会干扰到地层应力的形态，一旦构造运动越发激烈，其对应形成的构造应力也就越强烈，地壳的整体地应力水平也将越发明显。

通过探究发现，在地壳浅层，它的构造应力一般较为薄弱，煤层大多处于一种扩张应力场中，以地表静态压力场的形式体现；在地壳中层附近，煤层主要处于由扩张形态转换为收缩形态的过渡区域，大多以准静态压力场的形式体现；在地壳深层，煤层则处于承受挤压的形态，通常表现为地壳动力场的状态，在构造运动方面通常以逆断层形态体现。

2. 地壳深度对地应力的干扰

一般情况下，地壳垂向应力主要由岩层重力所形成，然而部分人认为个别地区的地壳垂向应力超过了地壳岩层所受重力，这主要是因为地壳剥蚀现象给地壳岩石层带来了压力。当然，这只是个例，地壳垂直应力超过地壳岩层所受重力的情况大多数存在于沉积岩当中，所以垂向应力通常会伴随着地壳深度的增加而逐步扩增。除此之外，还可能因为地壳岩石密度方面所存在的差异，使得应力的梯度也有所不同。通过对大量的测量数据研究可以发现，地壳三个方向所受的应力都会伴随着地壳深度的增加而增加。

当然，根据不同区域的地壳构成、岩石特性、温度、间隙压力、构造运动的激烈程度等方面存在的差异也会有所区别。

3. 岩石特性对地应力的干扰

通过分析目前已有的地应力研究资料可以发现，一般情况下，在相同区域不同的岩石地层之间所形成的地应力也通常会存在很大的差异性。

岩层所受的压力特性经常会对地壳的地应力产生很大的影响，它主要表现在岩石泊松以及岩石弹性模量两个方面。

在岩石泊松方面，岩层侧面所受压力的大小通常与垂直方向的应力值呈现正相关关系，与弹性材质的泊松比也存在正比例关系。

在岩石弹性模量方面，相同区域相同应变量的情形之下，地壳所受弹性模量越高，它的水平方向所受的地应力也就越高。

4. 温度对地应力的干扰

地壳的岩层通常会由于温度的突然变化而产生应变。一般情况下，岩石构造过程中一旦受到火烧油层或者注入热水等活动的干扰，就会引发局部或者整体油藏的应力发生剧变。所以在这种情况下，进行区域地应力探究时必须将温度改变所引发的热应力考虑进去。然而一旦温度的变化早于地应力场的产生，或者是温度变化不大，则温度的干扰因素将不予计量。

5. 地形地貌和剥蚀作用对地应力的影响

地形地貌对地应力的影响是复杂的，剥蚀作用对地应力也有显著的影响。剥蚀前，岩体内存在一定数量的垂直应力和水平应力；剥蚀后，垂直应力降低较多，但有一部分来不及释放，仍保留一部分应力数量，而水平应力却释放很少，基本上保留为原来的应力数量，这就导致了岩体内部存在着比现有地层厚度所引起的自重应力还要大很多的应力数值。

2.1.4 深部煤层地应力规律分析

随着煤层采掘深度的不断增加，矿坑围岩应力也随之变化。首先研究地应力随地层埋深量值的变化规律。

1. 垂直应力随地层埋深变化规律

通常情况下，垂直应力基本上等于上覆地层岩体的重力。1978 年，E. Brown 和 E. Hoek 统计归纳了世界各地地应力的实测结果，根据数据拟合总结出垂直应力与地层的埋藏深度成正比。近年来，我国许多学者对地应力进行了大量测试研究，也同样得出垂直应力与地层埋深具有很好的线性关系，垂直应力大小随地层埋深逐渐增大，垂直应力与上覆岩层的重力基本相等。

2. 水平应力随地层埋深变化规律

最大、最小水平主应力随地层埋深变化规律一致，均随地层埋深的不断增加而增大，基本呈线性关系。

2.2 深部煤层地应力分布规律

通过理论研究、地质调查和对大量的地应力测量资料的分析研究，已初步认识到深部地壳应力分布的一些基本规律。

2.2.1 地应力函数关系

地应力场是一个具有相对稳定性的非稳定应力场，它是时间和空间的函数。

地应力在绝大部分地区是以水平应力为主的三向不等压应力场。主应力的大小和方向是随空间和时间而变化的，因而它是个非稳定的应力场。地应力在空间上的变化，从小范围来看，其变化是很明显的，从一个测区到另一个测区，从某一点到相距数十米外的另一点，地应力的大小和方向是不同的，但就某个地区整体而言，地应力的变化是不大的。

在某些地震活动活跃的地区，地应力的大小和方向随时间的变化是很明显的。在地震前处于应力积累阶段，应力值不断升高，而地震时使集中的应力得到释放，应力值突然大幅度下降。主应力方向在地震发生时会发生明显改变，在地震后一段时间又会恢复到震前的状态。

2.2.2 地应力测算方式

对全世界实测垂直应力的统计资料分析得出，在深度为 25 ~ 2700 m 的范围内，垂直应力 σ_v 呈线性增长，大致相当于按平均重力密度 $\gamma = 27\ kg/m^3$ 计算出来的重力。但在某些地区的测量结果有一定幅度的偏差。这些偏差除有一部分可能归结于测量误差外，板块移动、岩浆对流和侵入、扩容、不均匀膨胀等也都可引起垂直应力的异常。

2.2.3 应力关系分析

实测资料表明，在绝大多数地区均有两个主应力位于水平或接近水平的平面内，其与水平面的夹角一般不大于30°，最大水平应力$\sigma_{h,\max}$普遍大于垂直应力σ_v；$\sigma_{h,\max}$与σ_v之比值一般为0.5~5.5，在很多情况下比值大于2。如果将最大水平应力与最小主应力的平均值与垂直应力σ_v相比，总结目前全世界地应力实测的结果，得出$\sigma_{h,av}/\sigma_v$之值一般为0.5~5.0，大多数为0.8~1.5。这说明在深层地壳中平均水平应力也普遍大于垂直应力。垂直应力在多数情况下为最小主应力，在少数情况下为中间水平应力，只在个别情况下为最大水平应力，这主要是因为构造应力以水平应力为主。

$$\sigma_{h,av}=\frac{\sigma_{h,\max}+\sigma_{h,\min}}{2} \tag{2-7}$$

式中　$\sigma_{h,av}$——最大水平应力与最小水平应力的平均值，MPa；

$\sigma_{h,\max}$——最大水平应力，MPa；

$\sigma_{h,\min}$——最小水平应力，MPa。

水平应力平均值与垂直应力的比值随深度增加而减少，但在不同地区，变化的速度很不相同。

最大水平应力和最小水平应力也随深度呈线性增长关系。与垂直应力不同的是，在水平应力线性回归方程中的常数项比垂直应力线性回归方程中常数项的数值要大些，这反映了在某些地区近地表仍存在显著水平应力的事实。斯蒂芬森（O. Stephansson）等人根据实测结果给出了芬诺斯堪的亚古陆最大水平应力和最小水平应力随深度变化的线性方程：

$$\sigma_{h,\max}=6.7+0.0444H \tag{2-8}$$

$$\sigma_{h,\min}=0.8+0.0329H \tag{2-9}$$

式中　H——深度，m。

最大水平应力与最小水平应力之值一般相差较大，显示出很强的方向性。$\sigma_{h,\min}/\sigma_{h,\max}$一般为0.2~0.8，多数情况下为0.4~0.8。

2.2.4　影响地应力的其他因素

地应力的上述分布规律还会受到地形、地表剥蚀、风化、岩体结构特征、岩体力学性质、温度、地下水等因素的影响，特别是地形和断层对地应力分布规律的影响最大。地形对原始地应力的影响是十分复杂的。在具有负地形的峡谷或山区，地形的影响在侵蚀基准面以上及其以下一定范围内表现特别明显。一般来说，谷底是应力集中的部位，越靠近谷底应力集中越明显。最大主应力在谷底或河床中心近于水平，而在两岸岸坡则向谷坡或河床倾斜，并大致与坡面相平行。近地表或接近谷坡的岩体，其地应力状态和深部及周围岩体显著不同，并且没有明显的规律性。随着深度不断增加或远离谷坡，地应力分布状态逐渐趋于规律化，并且可能显示出自重应力场的特征或和区域应力场的一致性。

2.3　深部煤层地应力测量方法

2.3.1　深部地应力测量的基本原理

测量原始地应力就是确定存在于拟开挖岩体及其周围区域的未受扰动的三维应力状态，这种测量通常是通过一点一点地量测来完成的。岩体中一点的三维应力状态可由选定坐标系中的六个分量（σ_x、σ_y、σ_z、τ_{xy}、τ_{yz}、τ_{zx}）来表示。岩体任一点三维应力状态示意图如图 2－4 所示。

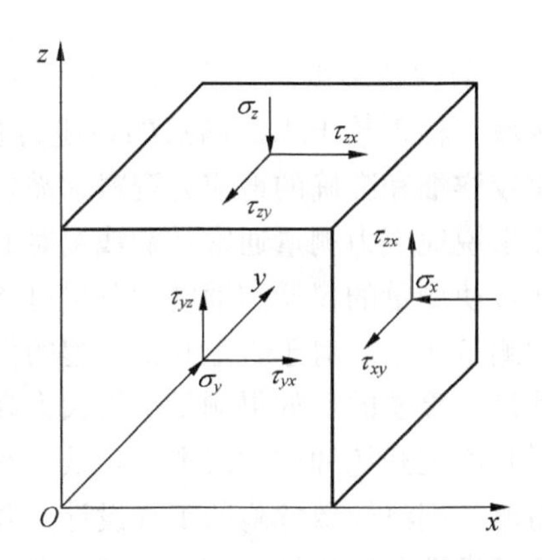

图 2－4　岩体中任一点三维应力状态

这种坐标系是可以根据需要和方便任意选择的，但一般取地球坐标系作为测量坐标系，由六个应力分量可求得该点的三个主应力的大小和方向，这是唯一的。在实际测量中，每一测点所涉及的岩石可能从几立方厘米到几千立方米，这取决于采用何种测量方法，但不管是几立方厘米还是几千立方米，对于整个岩体而言，仍可视为一点，虽然也有一些测定大范围岩体内平均应力的方法，如超声波等地球物理方法，但这些方法很不准确，因而远没有“点测量”方法普及。由于地应力状态的复杂性和多变性，要比较准确地测定某一地区的地应力，就必须进行充足数量的“点测量”。在此基础上，才能借助数值分析和数理统计的方法，进一步描绘出该地区的全部应力场状态。

为了进行地应力测量，通常需要预先开挖一些洞室，以便人和设备进入测点。然而，只要洞室一开挖，洞室周围岩体中的应力状态就受到了扰动。有一类方法，如早期的扁千斤顶法等，就是在洞室表面进行应力测量，然后在计算原始应力状态时，再把洞室开挖过程引起的扰动作用考虑进去。由于在通常情况下紧靠洞室表面的岩体都会受到不同程度的破坏，使它们与未受扰动的岩体的物理力学性质大不相同，同时洞室开挖对原始应力场的扰动也是极其复杂的，不可能进行精确的分析和计算，所以这类方法得出的原岩应力状态往往是不准确的，甚至是完全错误的。为了克服这类方法的缺点，另一类方法是从洞室表面向岩体中打小孔，直到对原岩应力状态的扰动非常小并可忽略不计，这就保证了测量是在原岩应力区中进行。目前，普遍采用的应力解除法和水压致裂法均属此类方法。

由于地应力状态的复杂性和多变性，不同地区的地应力状态是大不相同的，即使在同一工程区域，相距数十米的两点的地应力状态也可能有所不同。要获得一个工程区域比较详细和准确的地应力资料，需要在一定数量的测点上进行地应力测量。一般来说地应力测量通常是费钱费时的，为了在比较多的测点上进行测量，可以通过使测量的仪器和辅助设备尽可能简单和易于操作的方法来降低每一个测点的测量成本。对于岩土开挖工程的设计来说，地应力测量结果的准确性和可靠性是很重要的，如果测量结果大大高于实际应力值，那么工程设计将非常保守，并增大开挖和支护成本，降低工程经济效益。如果测量结果大大低于实际应力值，则将导致危险的工程设计，并将由此引起灾难性的工程事故。测量结果的可靠性和准确性在很大程度上取决于测量仪器的精度，而高精度的测试仪器往往是复杂的、成本较高的。所以，有必要在可接受的测量仪器精度和成本之间做出比较好的平衡选择。如果一种测量方法和仪器精度非常高，但由于成本昂贵，在一个工程区域只允许测少数点，那么这种方法和仪器并不可取。由于地应力测量是在复杂的工程地质环境和岩石条件下进行的，其测量精度除受仪器本身的精度影响外，还在更大程度上受工程地质环境、岩石条件和其他一些因素的影响，克服这些影响对提高地应力测量的精度具有更重要的意义。

2.3.2 深部地应力测量技术发展和应用概况

1. 技术发展过程

1932 年，美国人劳伦斯（R. S. Lieurace）在胡佛水坝下面的一个隧洞中首次成功地进行了原岩应力的测量。此后，哈斯特（N. Hast）使用应力解除法和压磁变形法在斯堪的纳维亚半岛进行了大规模的地应力测量，得出了该地区地应力分布的基本规律，首次测得近地表地层中的水平应力大大超过垂直应力，从事实上否定了传统地应力理论假设，不但为岩土工程设计施工提供了可靠依据，而且也为地质构造研究提供了新的途径。从此以后地应力测量便在欧洲、北美洲、非洲南部、澳洲和亚洲的某些地区得到较为广泛的开展。

20 世纪 60 年代中期以前，地应力测量基本上处于平面应力测量的水平，即通过一个单孔或一点的测量，只能确定该点某一剖面的平面应力状态，而且测得的也不是岩体中的原始绝对应力值，而是应力变化值。因为此时工程数值法尚未兴起，岩土工程设计的水平还很低，即使测出了原始地应力值，也不能真正应用到工程设计计算中去，所以工程师们还缺乏了解工程区域原始地应力的迫切感。相反，他们对工程施工过程中和施工后，周围岩体中的地应力及其变化监测作为维护工程稳定性的一项重要措施。在这一时期普遍采用的测量方法是扁千斤顶法，刚性圆柱应力计法，光弹应力计、应变计法，孔径变形计、孔底应变计法等。

20 世纪 60 年代中期以后，由于三维地应力测量技术的出现，即通过一个单孔的测量即可求得岩体中一点的三维应力状态，使套孔应力解除法向更为成熟的方向发展。20 世纪 60 年代末和 70 年代，南非科学和工业研究委员会（CSIR）研制的三轴孔壁应变计在世界范围内得到广泛的应用。由于三轴孔壁应变计在实际使用中存在一些明显缺陷，CSIRO 型三轴空心包体应变计于 20 世纪 70 年代中期由澳大利亚联邦科学和工业研究组织（CSIRO）岩石力学部研制出来并迅速在世界各国得到推广，目前已成为最主要的地应力解除测量方法。

20 世纪 60 年代末，美国人费尔赫斯特（C. Fairhurst）、海姆森（B. C. Hiamson）提出了用水压致裂法测量地应力的理论。到 20 世纪 80 年代，该方法已在全世界范围内得到了较为广泛的应用。该方法的突出优点是能够测量深部的地应力值，目前测得的最大深度已超过 5000 m。这是应力解除法所无法达到的，但从本质上讲，该方法只是一种二维应力测量方法，若要测一点的三维应力状态，则需要进行三个互不平行的钻孔的水压致裂测量。同时该方法在确定地应力的方向和大小时还有许多假设，因此其测量结果的可靠性和准确性尚达不到应力解除法的水平。但是在许多实际工程条件下，水压致裂法仍然是最佳的选择。一般来说，在工程前期，可以使用水压致裂法大致测出一个工程区域的地应力状态，而在工程施工过程中或施工结束后则可使用应力解除法比较准确地测定工程区域所需各点的地应力大小和方向。特别对地下矿山来说，由于有一系列的巷道、硐室可以利用，能够非常方便地接近地下所需测量应力的各点，所以使用应力解除法不但能够得到准确可靠的地应力数据，而且在经济上也是比较合理的。

2. 我国地应力测量的发展过程

我国地应力测量的试验和研究开始于20世纪60年代。20世纪60年代初在地下矿山的巷道、硐室表面利用扁千斤顶法测量围岩表面的应力状态。1960年，在陈宗基的带领下，中国科学院武汉岩土力学研究所在湖北省大冶铁矿进行了国内首次应力解除法地应力测量，测量深度为-80 m。当时采用的方法是在岩石表面贴上应变片，然后在应变片周围开圆形槽实现应力解除，所以这种方法测得的仍是岩体表面的应力，而不是原岩应力。

著名科学家李四光生前对地应力测量工作十分重视。在他的倡导下，1966年3月在河北省建立了全国第一个地应力观测台站。此后，在全国21个省、市、自治区建立了几十个地应力观测台站。从20世纪60年代后期开始，中国科学院及地矿部门使用自行研制的压磁式钻孔应力计、门塞式孔底应变计、孔径变形计、利曼三轴孔壁应变计等在地震研究和矿山钻孔中进行了一系列的应力解除测量试验，其中使用最多的是压磁式应力计。20世纪70年代中期以后，地应力测量在水利水电部门也得到广泛开展，水利水电部门各勘测设计研究院都建立了地应力测量队伍。普遍使用三轴孔壁应变计、空心包体应变计和水压致裂法。空心包体应变计于20世纪80年代以后进入我国，中国科学院的一些单位都自行研制出了空心包体应变计，并在现场测量中得到应用。自空心包体应变计得到较广泛应用后，压磁式应力计被逐步淘汰，因为从理论上讲，压磁式应力计较适合于监测应力变化，而不太适合于应力解除法测量绝对原岩应力。水压致裂法于20世纪80年代初由国家地震局地壳应力研究所从美国引入我国。首次水压致裂法应力测量试验于1980年10月在河北省易县进行，以后又在华北、西南等地进行了多次的现场实测。

我国90%以上的地应力测量是在地震研究、水利水电、采矿等领域完成的。在大型水利水电工程中，如龙羊峡、青铜峡、李家峡、龙滩、白山、二滩、三峡、鲁布革、拉西瓦、天生桥、小湾、锦屏二级、天荒坪、桐柏、双峰、乌龙山、响水涧等都进行了比较详细的地应力测量工作。丰富的地应力实测资料不仅为上述工程设计提供了可靠的依据，也为系统研究地应力场的特征创造了条件。

2.3.3 深部地应力测量方法

从发现地应力场的存在对工程实践的重要影响并进行专门研究以来，曾经发明并采用了多种地应力场的测试方法。其中，应力解除法是利用最广泛、发展最成熟的地应力场测试方法；水压致裂法是20世纪60年代末期以来发展最快，利用较广泛、其技术日趋成熟的一种地应力场测试方法。

1. 直接测量法

1）扁千斤顶法

（1）原理。将扁千斤顶完全置入开挖成的拟测槽内，加压后直至槽两侧的距离恢复至开挖前的大小。此时，扁千斤顶的压力称为平衡应力或补偿应力，等于扁槽开挖前表面岩体中垂直于扁千斤顶方向的应力。

（2）实际应用及评价。从原理上来讲，扁千斤顶法只是一种一维应力测量方法，其测量的是一种受开挖扰动的次生应力场，而非原岩应力场。同时，扁千斤顶法的测量原理是基于岩石为完全线弹性的假设，对于非线性岩体，其加载和卸载路径的应力应变关系是不同的，由扁千斤顶测得的平衡应力并不等于扁槽开挖前岩体中的应力。此外，由于开挖的影响，各种开挖体表面的岩体将会受到不同程度的损坏，因而使测量结果变得更加不可靠。其次，该方法要求被测岩体必须非常完整，故测量深度很难达到原岩应力区，即使能到原岩应力区，它也只能测量垂直钻孔平面的二维应力状态。这些都严重限制了其在实际测量中的应用。

2）刚性包体应力计法

（1）原理。刚性包体应力计的主要组成部分是一个由钢、铜合金或其他硬质金属材料制成的空心圆柱，在其中心部位有一个压力传感元件。测量时，首先在测点打一钻孔，然后将该圆柱挤压进钻孔中，以使圆柱和钻孔壁保持紧密接触，就像焊接在孔壁上一样。理论分析表明，位于一个无限体中的刚性包体，当周围岩体中的应力发生变化时，在刚性包体中会产生一个均匀分布的应力场，该应力场的大小和岩体中的应力变化之间存在一定的比例关系。因此，只要测出刚性包体中的应力变化就可知道岩体中的应力变化。为了保证刚性包体应力计能有效工作，包体材料的弹性模量要尽可能的大，至少超过岩体弹性模量的5倍以上。

（2）实际应用及评价。刚性包体应力计具有很高的稳定性，因而可用于对现场应力变化进行长期监测。然而，通常只能测量垂直于钻孔平面的单向或双向应力变化情况，而不能用于测量原岩应力。

3）水压致裂法

水压致裂法的突出优点是能测量深部应力，已见报道的最大测深为5000 m，这是其他方法所不能做到的。因此，这种方法可用来测量深部地壳的构造应力场。同时，对于某些工程，如露天边坡工程，由于没有现成的地下井巷、隧洞、硐室等可用来接近应力测量点，或者在地下工程的前期阶段，需要估计该工程区域的地应力场，也只有水压致裂法才是最经济的。

4）声发射法

1950 年，德国人凯泽（J. Kaiser）发现多晶金属的应力从其历史最高水平释放后，再重新加载，当应力未达到先前最大应力值时，很少有声发射产生，而当应力达到和超过历史最高水平后，则大量产生声发射，这一现象叫作凯泽效应。试验证明，许多岩石如花岗岩、大理岩、石英岩、砂岩、安山岩、辉长岩、闪长岩、片麻岩、辉绿岩、灰岩、砾岩等也具有显著的凯泽效应。

根据凯泽效应的定义，用声发射法测得的是取样点的先前最大应力，而非现今地应力。由于声发射与弹性波传播有关，所以高强度的脆性岩石有较明显的声发射凯泽效应出现，而多孔隙低强度及塑性岩体的凯泽效应不明显，所以不能用声发射法测定比较软弱疏松岩体中的应力。

2. 间接测量法

1）套孔应力解除法

（1）原理。从岩石表面打大孔至拟测量部位，在大孔底打小孔后并安装测量探头，如孔径变形计、孔壁应变计等，继续延深大孔从而使小孔周围岩心实现应力解除。应力解除引起的小孔变形或应变由包括测试探头在内的量测系统测定并通过记录仪器记录下来，根据测得的小孔变形或应变通过有关公式即可求出小孔周围的原岩应力状态。根据所用传感器的不同，这一方法大致可分为三大类：①钻孔位移法（钻孔变形法）；②钻孔应力法；③钻孔应变法，包括孔底应变法和孔壁应变法。

钻孔位移法和钻孔应力法都是通过测量与钻孔孔径变化有关的量来计算应力的，只是传感器的刚度不同，所以又可统称为钻孔变形法。

（2）实际应用及评价。套孔应力解除法是发展时间最长，技术上比较成熟的一种地应力测量方法。在测定原岩应力（绝对应力）的适用性和可靠性方面，目前还没有哪种方法可以和应力解除法相比。从理论上讲，不管套孔的形状和尺寸如何，套孔岩心中的应力都将完全被解除。但是，若测量探头对应力解除过程中的小孔变形有限制或约束，它们就会对套孔岩心中的应力释放产生影响，此时就必须考虑套孔的形状和大小。一般来说，探头的刚度越大，则对小孔变形的约束越大，套孔的直径也就需要越大。对绝对刚性的探头，套孔的尺寸必须无穷大，才能实现完全的应力解除，这就是刚性探头不能用于应力解除测量的缘故。

2）局部应力解除法

其基本原理与套孔应力解除法相同，通过在拟进行测量处岩体表面开孔或槽，实现应力的局部解除。通过各种传感器测量解除前、后的应力、应变情况，据以判断原地应力状态。目前各国采用的主要方法有切槽解除法、钻孔全息干涉测量法、平行钻孔法、中心钻孔法、钻孔延深法等。利用局部应力解除法测量地应力的主要目的是降低测量成本和缩短测量时间。

3）松弛应变分析法

松弛应变分析法的基本特点是对完全松弛的、并记录了具体部位和规模的岩心样进行加载或分析，通过分析恢复其原应力应变过程中应力变化情况得到原地应力状态。这类方法的典型代表有微分应变曲线分析法、非弹性应变恢复法、孔壁崩落测量法等。

4）地球物理探测法

声波观测法、超声波谱法、原子磁性共振法、放射性同位素法等均可用来进行地应力测量。声波观测法和超声波谱法利用超声波或地震波在岩石中传播速度的变化来测量应力，放射性同位素法是测量接近抛光的定向石英晶片样品原子间距，并与无应变石英原子间距比较算出残余应力。这些方法的明显困难是如何测量岩体中而不是岩体表面的应力。

5）综述

套孔应力解除法是一种比较经济而实用的方法，它能较准确测定岩体中的三维原始地应力状态。而局部应力解除法、松弛应变分析法则只能用于粗略地估计岩体中的应力状态或岩体中的应力变化情况，而不能用于准确测定原岩应力值。地球物理探测法可用于探测大范围内的地壳应力状态，但是由于对测定的数据和地应力之间的关系还缺乏定量化的了解，同时由于岩体结构的复杂性，各点的岩石条件和性质各不相同，因此这种方法不可能为实际的岩土工程提供可靠的地应力数据。

3　深部煤层大断面巷道支护理论

3.1　符拉索夫弹性基础梁理论

3.1.1　符拉索夫模型

在文克尔（E. Winkler）于1867年提出单参数的基础梁模型的基础上，有一些专家学者提出了采用两个独立参数来表征基础特征的双参数模型，从理论上改进了文克尔模型中不连续的缺陷。本文采用的符拉索夫模型就是其中常用的一种，如图3-1所示。

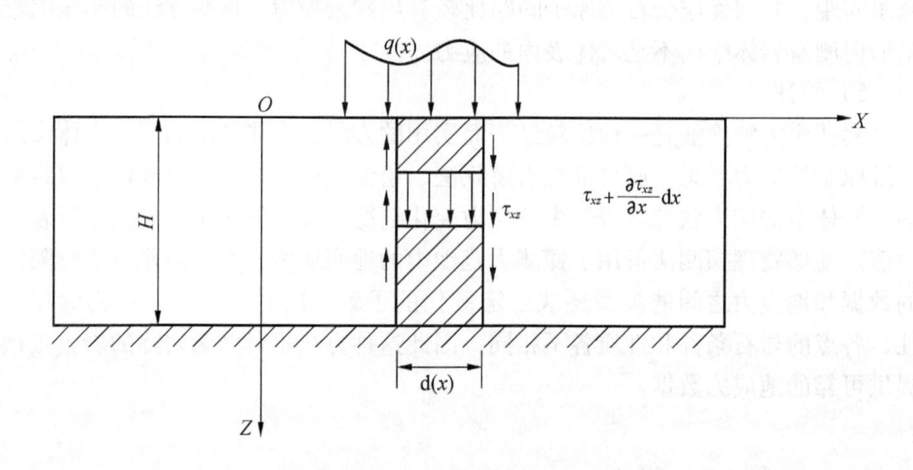

图3-1　符拉索夫模型

符拉索夫模型是引入了一些能简化各向同性线弹性连续介质基本方程的位移约束而得出的。利用变分法分析，可证明外载荷 $p(x)$ 与位移 $w(x)$ 之间的关系为

$$p(x)=kw(x)-2t\frac{\mathrm{d}^2w(x)}{\mathrm{d}x^2} \tag{3-1}$$

式中　k——基础弹簧常数；

x——节点位置；

t——荷载传递率，是作用力对相邻近单元可传递性的一种度量。

k 和 t 可由式（3-2）求得。

$$k=\frac{E_0(1-\mu_0)}{H(1+\mu_0)(1-2\mu_0)}\qquad t=\frac{HE_0}{12(1+\mu_0)}\tag{3-2}$$

式中　$E_0=\frac{E_s}{1-\mu_s^2}$，$\mu_0=\frac{\mu_s}{1-\mu_s}$；

E_0、μ_0——梁的弹性模量和泊松比；

H——梁的高度，m；

E_s、μ_s——基础的弹性模量和泊松比。

3.1.2　挠度曲线微分方程

由梁的挠曲线微分方程

$$EI\frac{d^2M}{dx^2}=-M\tag{3-3}$$

式中　M——梁的弯矩，kN·m。

结合式（3-1）可得搁置在双参数弹性基础上、宽度为 b 的梁的挠度曲线微分方程为

$$EI\frac{d^4w(x)}{dx^4}-2tb\frac{d^2w(x)}{dx^2}+kbw(x)=bp(x)\tag{3-4}$$

式中　E——梁的弹性模量；

I——梁的截面惯性矩，m^4。

弹性基础不考虑基础破坏后承载力的变化及介质连续性，载荷传递率 t 及基础弹簧常数 k 为常数。这种假设在很多情况下都可以得到比较满意的结果。但是实践表明，有时基础并不总处于弹性状态。在巷道的开挖与支护、工作面的开采过程中，基础将有可能发生弹塑性变形。此时基础可以承受的荷载发生变化，不同应力条件下对应的载荷传递率 t 及弹簧常数 k 也将有所不同，导致在基础处于弹塑性时，搁置在其上的梁不再满足原来的方程。

3.2　双参数弹塑性基础梁

3.2.1　基本方程

为了研究沿空侧向顶板的变形与弯矩，并重点体现煤体的塑性变化特征，需要建立一种新的基础梁模型。为此，提出双参数弹塑性基础梁模型，它通过

改变塑性区内弹簧参数 k 及载荷传递率 t 来实现，破断前沿空侧向顶板的结构示意图（物理模型）如图 3－2 所示。

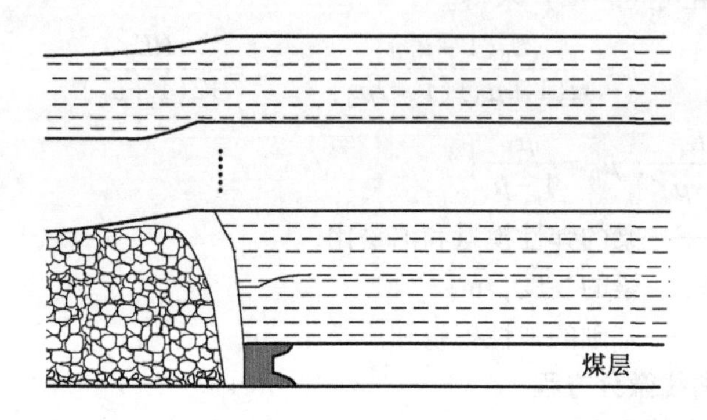

图 3－2　破断前沿空侧向顶板的结构示意图

将冒落矸石及煤层和直接顶视为基础，建立半无限模型，考虑上覆压力、基础反力及基础的塑性软化，对侧向破断前的坚硬基本顶进行变形受力分析，如图 3－3 所示。其中，q_0 可取为基本顶及其上覆岩层的自重，而 q_1 可取为基本顶的自重，超前支承压力系数 ξ 及峰值位置按实际情况选取。

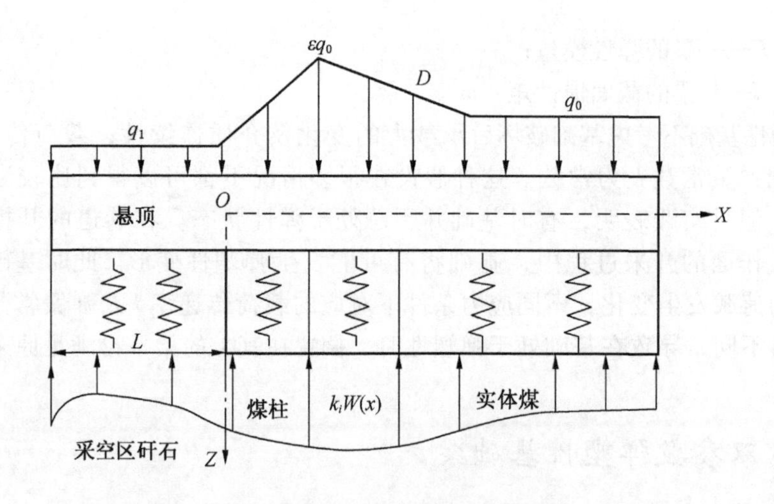

图 3－3　弹塑性基础梁力学模型

由于考虑了基础的塑性软化，导致基础的弹簧参数随位置及梁挠度变化而变化，则式（3－1）表示的双参数弹塑性基础反力可改写为

$$p(x)=k(w,x)w(x)-2t(w,x)\frac{\mathrm{d}^2w(x)}{\mathrm{d}x^2} \tag{3-5}$$

式中　w——位移量，m。

代入式（3－4）可得搁置在双参数弹塑性基础上宽度为 b 的梁的挠度曲线微分方程为

$$EI\frac{\mathrm{d}^4w(x)}{\mathrm{d}x^4}-2t(w,x)b\frac{\mathrm{d}^2w(x)}{\mathrm{d}x^2}+k(w,x)bw(x)=bq(x) \tag{3-6}$$

3.2.2　双参数弹塑性基础梁参数确定

1. 基础的变形模量

分析侧向破断前的坚硬基本顶时，将煤层和直接顶视为基础。基础的变形模量可以根据煤岩组合试件单向压缩问题分析获得。设煤岩组合试件、煤及岩的弹性模量和高度分别为 E_s、$E_{煤}$、$E_{岩}$ 和 L、$L_{煤}$、$\xi L_{煤}$，当试件受压时应力为 σ，则

$$\Delta L_{煤}=\frac{\sigma}{E_{煤}}L_{煤}\qquad \Delta L_{岩}=\frac{\sigma}{E_{岩}}\xi L_{煤} \tag{3-7}$$

式中　ξ——岩层高度与煤层高度的比值。

试件整体的长度改变量为

$$\Delta L=\frac{\sigma}{E_s}L=\Delta L_{煤}+\Delta L_{岩} \tag{3-8}$$

由式（3－7）及式（3－8）可得

$$E_s=\frac{(1+\xi)E_{煤}E_{岩}}{\xi E_{煤}+E_{岩}} \tag{3-9}$$

由式（3－9）可知，煤岩组合试件的变形模量 E_s 介于煤和岩的弹性模量之间，且随着 ξ 的增加，E_s 越趋附近于 $E_{岩}$。

2. 基础的弹簧参数

分析侧向破断前的坚硬基本顶时，考虑基础材料为弹塑性软化材料，其应力应变关系如图 3－4 所示。基础的弹簧参数 k 和荷载传递率 t 随位置及梁挠度变化而变化，对于任一固定位置处的弹簧参数，需要已知该处基础梁的挠度，根据基础材料的软化程度才能确定。为此，基础的变形模量采用设初参数，通过逐步迭代的方法求解，具体为：①设初值。假定基础为线弹性材料，并利用式（3－2）求基础弹簧常数的初值；②试算。求解基础梁方程，得到梁的挠度及相应的基础反力和弯矩等参数；③判断。如果该点试算的应力小于

其屈服应力，则不变化（图 3－4a）；反之，当该点试算的应力大于其屈服应力，则用该点应变对应的应力应变关系曲线中的割线模量代替其弹性模量（图 3－4b）；④根据割线模量，利用式（3－2）求基础弹簧常数；⑤重复②、③、④步骤，直到满足精度要求，则可以认为所得到的基础弹簧常数及梁挠度即为所求结果。

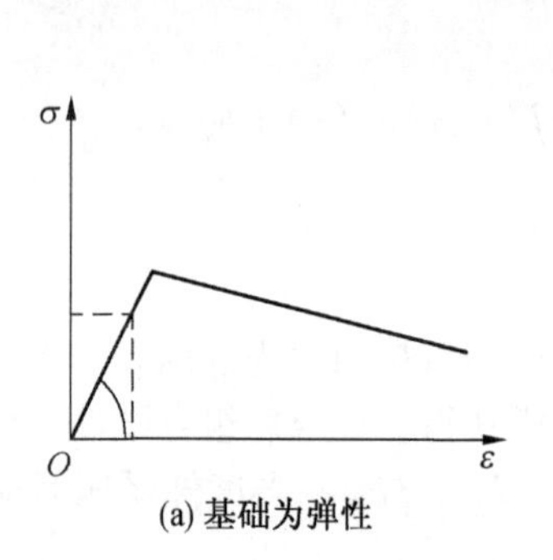

(a) 基础为弹性

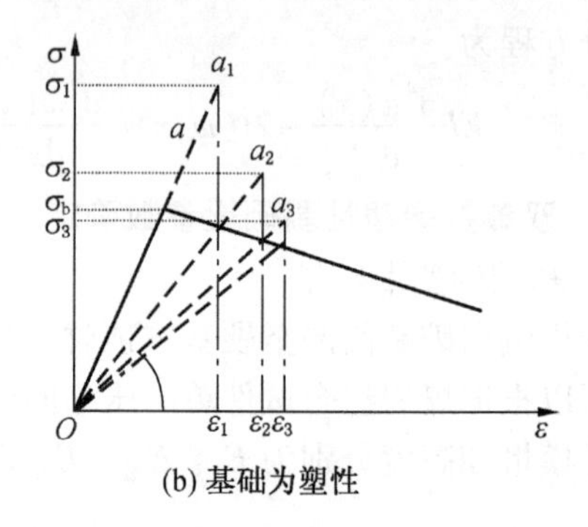

(b) 基础为塑性

图 3－4　确定基础变形模量

3.2.3　双参数弹塑性基础梁方程的求解

自从弹性基础梁基本方程建立以后，这些方程在各种问题的边界条件下如何求解，曾经是很多数学家和力学家研究的内容。但是，对于工程上许多重要的问题，由于边界条件较为复杂,并没有能够得出函数式解答。因此,弹性基础梁问题的各种数值解法便具有重要的实际意义。差分法就是其中常用的一种。

差分法是微分方程的一种近似数值解法。它不是去寻求函数式的解，而是去求出函数在一些网格节点处的数值。具体地讲，差分法就是把微分用有限差分代替，把导数用有限差商代替，从而把基本方程和边界条件近似地改用差分方程来表示，把求解微分方程的问题改换为求解代数方程的问题。为此，先导出弹性基础梁中常用的一些差分公式，以便用它们来建立差分方程。

我们把弹性梁用节点分成间距为 ξ 的 N 份，如图 3－5 所示。挠曲线函数 $w(x)$ 随坐标的改变而变化。为了导出函数的差分公式，在节点 i 处将函数 w 展开为泰勒级数如下：

$$w = w_i + w'_i(x - x_i) + \frac{1}{2!}w''_i(x - x_i)^2 + \frac{1}{3!}w'''_i(x - x_i)^3 + \frac{1}{4!}w_i^{(4)}(x - x_i)^4 + \cdots \tag{3-10}$$

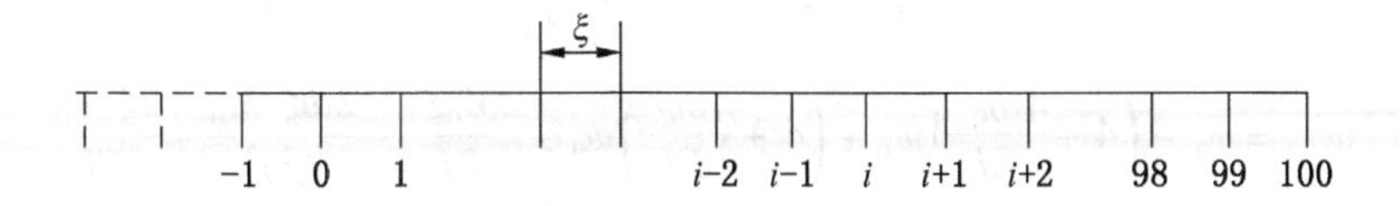

图3-5 弹性基础梁差分示意图

求解 w' 及 w'' 得一阶和二阶导数的差分公式：

$$w_i' = \frac{w_{i+1} - w_{i-1}}{2\xi} \tag{3-11}$$

$$w_i'' = \frac{w_{i+1} + w_{i-1} - 2w_i}{\xi^2} \tag{3-12}$$

利用上两式，可以导出三阶和四阶导数的差分公式如下：

$$w_i''' = \frac{w_{i+2} - 2w_{i+1} + 2w_{i-1} - w_{i-2}}{2\xi^3} \tag{3-13}$$

$$w_i^{(4)} = \frac{6w_i - 4(w_{i+1} + w_{i-1}) + w_{i+2} + w_{i-2}}{\xi^4} \tag{3-14}$$

把差分式（3-11）至式（3-14）代入梁的挠曲线微分方程（3-6）得

$$EI\frac{6w_i - 4(w_{i+1} + w_{i-1}) + w_{i+2} + w_{i-2}}{\xi^4} - 2tb\frac{w_{i+1} + w_{i-1} - 2w_i}{\xi^2} + kbw_i = bq_i$$

即

$$\frac{EI}{\xi^4}(w_{i+2} + w_{i-2}) - \left(\frac{4EI}{\xi^4} + \frac{2tb}{\xi^2}\right)(w_{i+1} + w_{i-1}) + \left(\frac{6EI}{\xi^4} - \frac{4tb}{\xi^2} + kb\right)w_i = bq_i \tag{3-15}$$

梁任一截面的转角 θ、弯矩 M 以及广义剪力 V 与梁挠度 w 之间的关系分别为

$$\theta = w' \qquad M = -EIw'' \qquad V = -EIw''' + 2tbw'$$

由边界条件可知端点处弯矩和剪力分别为 M_0、V_0，即

$$w_0'' = \frac{w_1 + w_{-1} - 2w_0}{\xi^2} = \frac{-M_0}{EI} \tag{3-16}$$

$$w_0''' = \frac{w_2 - 2w_1 + 2w_{-1} - w_{-2}}{2\xi^3} = \frac{tb(w_1 - w_{-1})}{\xi EI} - \frac{V_0}{EI} \tag{3-17}$$

可推出：

$$w_{-1}=2w_0-w_1-\frac{M_0\xi^2}{EI} \tag{3-18}$$

$$w_{-2}=w_2-\left(4+\frac{4tb\xi^2}{EI}\right)w_1+\left(4+\frac{4tb\xi^2}{EI}\right)w_0-\frac{2M_0\xi^2}{EI}-\frac{2tb\xi^4M_0}{E^2I^2}+\frac{2\xi^3V_0}{EI} \tag{3-19}$$

在式（3－15）中令 $i=0$ 并将式（3－18）、式（3－19）代入得

$$\frac{2EI}{\xi^4}w_2-\frac{EI}{\xi^4}\left(4+\frac{4tb\xi^2}{EI}\right)w_1+\left(\frac{2EI}{\xi^4}+\frac{4tb}{\xi^2}+kb\right)w_0=bq_0-\frac{2M_0}{\xi^2}-\frac{2V_0}{\xi} \tag{3-20}$$

在式（3－15）中令 $i=1$ 并将式（3－20）代入得

$$\frac{EI}{\xi^4}w_3-\left(\frac{4EI}{\xi^4}+\frac{2tb}{\xi^2}\right)w_2+\left(\frac{5EI}{\xi^4}-\frac{4tb}{\xi^2}+kb\right)w_1-\left(\frac{2EI}{\xi^4}+\frac{2tb}{\xi^2}\right)w_0=bq_1+\frac{M_0}{\xi^2} \tag{3-21}$$

这样，式（3－6）表征的变系数非齐次弹性基础梁挠曲线微分方程，就变为由 $N+1$ 个节点的挠度为未知量的代数方程组，即由式（3－15）、式（3－20）、式（3－21）组成，可以通过追赶法等数值方法进行求解。

对于弹塑性基础梁问题，梁的挠度和基础的弹簧参数 k、t 相互耦合，都是未知量，可以用弹性解为初始参数，通过逐步迭代的方法同时求出满足精度的挠度和弹簧常数值。

3.3 沿空侧向顶板变形及弯矩分析

根据图3－3所示的侧向破断前的单位宽度坚硬基本顶，取悬臂梁段长20 m，弹性模量 $E=2.8$ GPa，厚度为11 m，则截面惯性矩 $I=110.9\ \mathrm{m}^4$，$q_0=15$ MPa，悬臂段作用均布载荷 $q_1=0.3$ MPa，超前支承压力系数 $\xi=2$；基础的高 $H=15$ m，泊松比 $\mu_s=0.29$，由式（3－9）确定煤岩组合试件的弹性模量 $E_S=1$ GPa，则可得在不考虑塑性软化情况下基础的弹簧参数 $k=0.66e^8$、$t=1.92$ GPa。考虑不同工况进行变形受力分析，以获得参数变化时侧向坚硬顶板挠度、基础反力及弯矩变化的规律，为实际采场侧向顶板、煤柱等的变化状况作出合理判断。

3.3.1 弹性和软化弹塑性模型的影响

1. 沿空巷道开挖前

在载荷峰值距煤壁8 m时，研究基础分别为弹性和软化弹塑性两种情况下的基础梁受力变形特性。

图3－6为沿空巷道开挖前，载荷峰值距煤壁8 m时基础梁的挠度、基础反力和弯矩曲线。

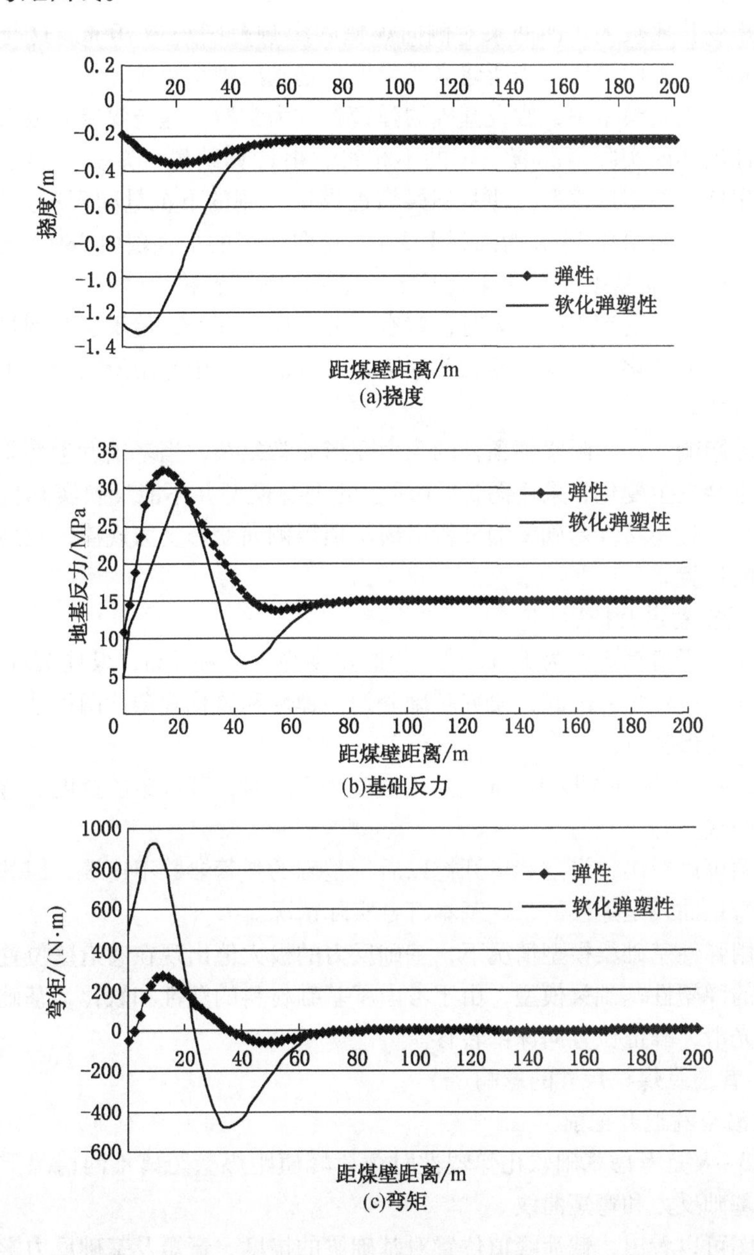

图3－6　载荷峰值距煤壁8 m时梁的挠度、基础反力和弯矩

由图可以看出，基础梁距煤壁70 m以后的深部，基础梁的挠度、反力和弯矩变化很小，可以忽略不计；而在基础梁接近煤壁一侧，基础梁的挠度、反力和弯矩变化比较大，即回采对侧向煤壁的影响范围约为70 m。这与实际情况基本相符，由此可以认为所建立的半无限基础梁模型正确。

弹性基础梁模型中，假设基础的弹簧参数为常数，这与煤壁附近有一定范围的塑性破坏区实际情况有一定的不相符。由计算结果可知，与弹性模型相比，采用软化弹塑性模型，使基础梁靠近煤壁一侧的下沉量和弯矩大幅增加，其中最大下沉量由0.38 m增加到1.3 m，正向弯矩的最大值由380 N·m增加到930 N·m；而基础反力的峰值下降，位置向深部转移。

当顶板中承受较大拉应力时，就有可能受损、断裂，使煤层及围岩的矿压发生比较大的变化。根据梁的相关理论，可以认为梁中弯矩最大处为顶板可能破断的位置。

采动影响下，实际坚硬顶板的受力变形非常复杂，当基础发生变化后顶板的载荷也会发生变化，采用图3-3所示的理想模型并不能反映实际情况。这里主要是通过弹塑性基础梁的分析，揭示顶板侧向变形受力规律，找到其可能侧向破断位置。

2. 沿空巷道开挖后

在应力峰值距煤壁为14 m时，巷道宽度为3 m和5 m，煤柱宽度为2 m、4 m、6 m、8 m和10 m时，研究基础分别为弹性和软化弹塑性两种情况下的基础梁受力变形特性。

图3-7为煤柱宽度为8 m，巷道宽度为5 m时，基础梁的挠度、弯矩和基础反力曲线。

由图可以看出，沿空巷道开挖以后，基础的弹簧参数不连续，但基础梁的挠度及弯矩曲线是连续的，这基本符合实际情况。

采用弹性基础梁模型情况下，基础反力的极大值出现在巷道壁位置，而采用软化的弹塑性基础梁模型，由于考虑了基础材料的塑性和软化，基础反力曲线变得光滑，峰值位置向深部转移。

3.3.2 巷道及煤柱尺寸的影响

1. 沿空巷道开挖前

图3-8是考虑基础软化弹塑性时载荷峰值距煤壁距离不同情况下，梁的挠度、基础反力和弯矩曲线。

由图可以看出，载荷峰值位置对基础梁的挠度、弯矩及基础反力影响比较大，但由于涉及基础弹簧参数的耦合问题，规律性不强。

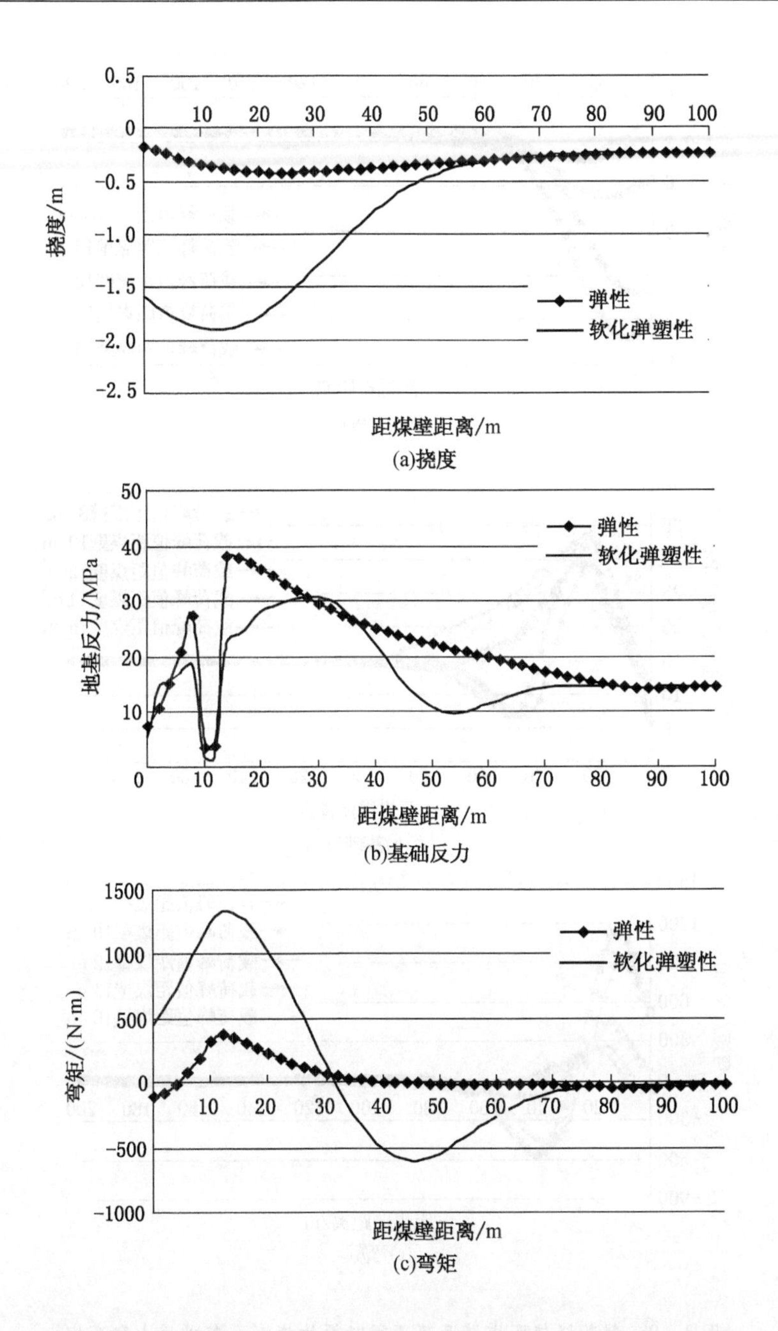

图3－7　煤柱宽度8 m，巷道宽度5 m时梁的挠度、基础反力和弯矩

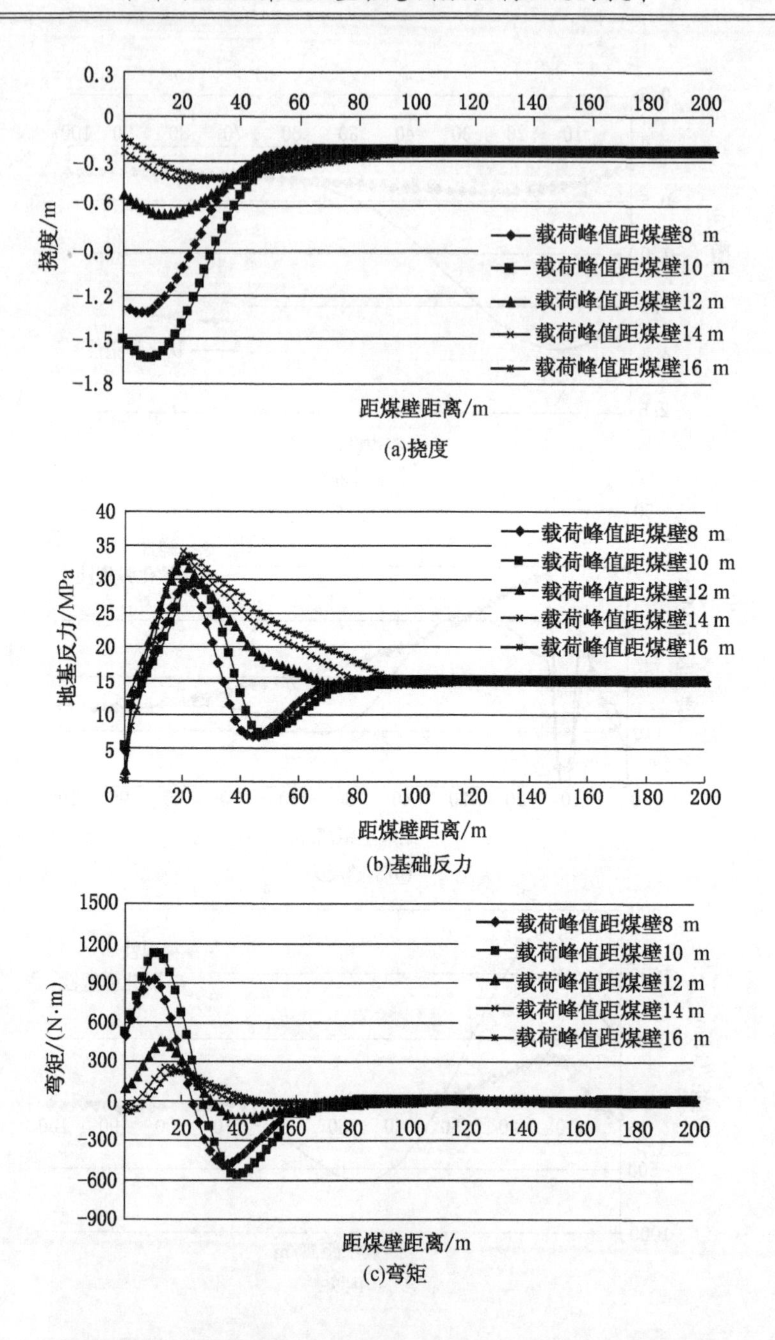

(a)挠度

(b)基础反力

(c)弯矩

图3-8　载荷峰值距煤壁距离不同时梁的挠度、基础反力和弯矩

图3－9反映了载荷峰值位置不同时基础反力和弯矩峰值距煤壁的距离的变化。

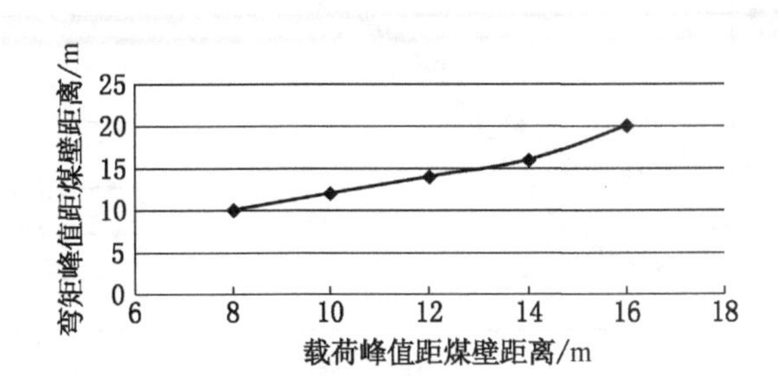

图3－9　载荷峰值位置不同时弯矩峰值距煤壁距离

由图可以看出，在研究范围内，弯矩峰值距煤壁的距离，随载荷峰值距煤壁的距离增加而近似线性增加。根据前文所述，弯矩峰值的位置对应于可能发生的基本顶侧向破断位置，因此，载荷峰值距煤壁14 m时，弯矩峰值距煤壁约16 m为基本顶侧向破断位置，与实测的侧向破断位置一致。因此，下面关于沿空巷道开挖后的计算都采用基础梁载荷峰值距煤壁的情况。

2. 沿空巷道开挖后

取应力峰值距煤壁为14 m，巷道宽度为3 m和5 m，煤柱宽度为2 m、4 m、6 m、8 m和10 m时，分析巷道及煤柱尺寸对基础梁挠度、基础反力和弯矩曲线的影响。

图3－10是煤柱宽度为4 m，巷道宽度分别为3 m和5 m时梁的挠度、基础反力和弯矩曲线。

由图3－10可以看出，在其他参数不变的情况下，巷道宽度由3 m增加到5 m，使基础梁挠度的最大值由1.08 m增加到1.38 m，弯矩变化更加剧烈，正向最大值由0.62×10^9 N·m,0.83×10^9 N·m,反向最大值由0.24×10^9 N·m增加到0.39×10^9 N·m，增幅达30%左右，影响比较大。此外，巷道宽度增加对基础反力的影响很小，这可能是在基础梁挠度增加的同时，基础的弹簧参数受到塑性变小因素综合影响的结果。从另一方面可以看出，巷道变宽使基础中的载荷峰值位置距巷道实体煤帮的距离减小了。

综合以上因素可知，在基本顶不发生侧向破断情况下，沿空巷道采用大断面，支护难度将大大增加。

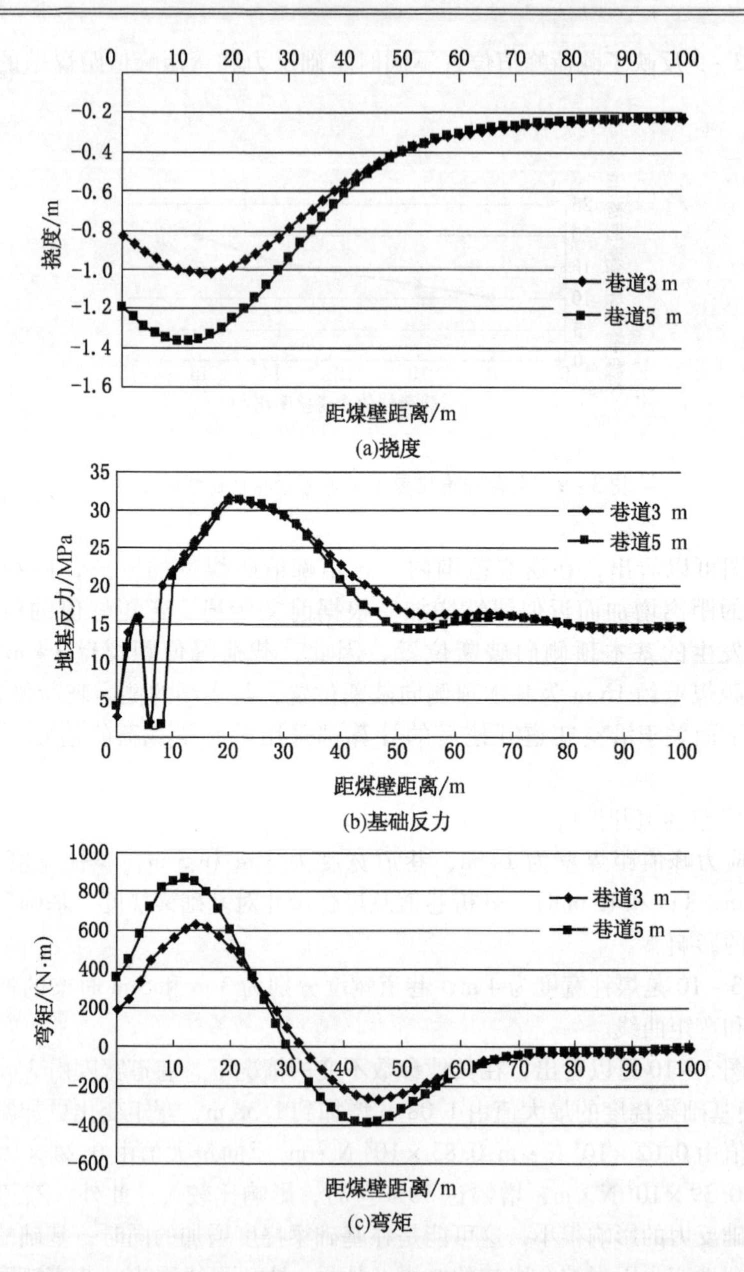

图 3－10　煤柱 4 m 不同巷道宽度下梁的挠度、基础反力和弯矩

图 3－11 为巷道宽度为 3 m、煤柱宽度不同时梁的挠度、基础反力和弯矩曲线。

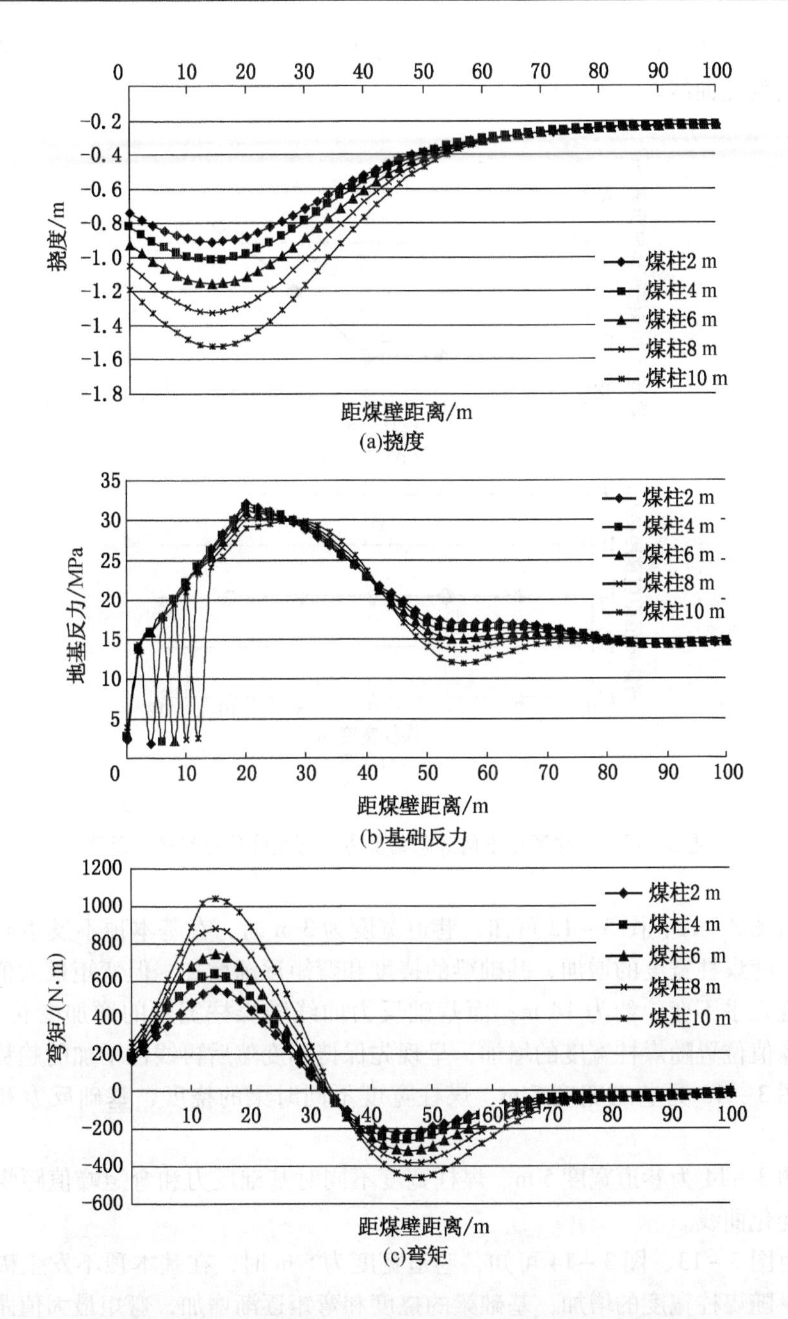

图 3-11 煤柱宽度不同时梁的挠度、基础反力和弯矩

图3－12为巷道宽度为3 m、煤柱宽度不同时基础反力和弯矩峰值距煤壁的距离变化曲线。

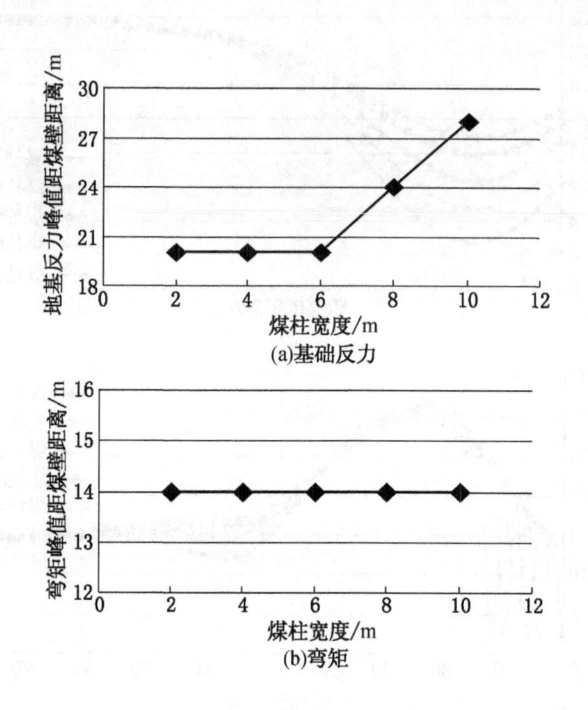

图3－12　煤柱宽度不同时基础反力和弯矩峰值距煤壁的距离

由图3－11、图3－12可知，巷道宽度为3 m时，在基本顶不发生破断情况下，随煤柱宽度的增加，基础梁的挠度和弯矩逐渐增加，但弯矩最大值距煤壁位置几乎不变，约为14 m；而基础反力曲线随煤柱宽度的增加变化很小，反力峰值位置随煤柱宽度的增加，呈现先保持不变然后再线性增加的趋势。

图3－13为巷道宽度5 m、煤柱宽度不同时梁的挠度、基础反力和弯矩曲线。

图3－14为巷道宽度5 m、煤柱宽度不同时基础反力和弯矩峰值距煤壁的距离变化曲线。

由图3－13、图3－14可知，巷道宽度为5 m时，在基本顶不发生破断情况下，随煤柱宽度的增加，基础梁的挠度和弯矩逐渐增加，弯矩最大值距煤壁位置呈现先保持不变然后再线性增加的趋势；而基础反力曲线随煤柱宽度的增加变化很小，反力峰值位置随煤柱宽度的增加而增加。

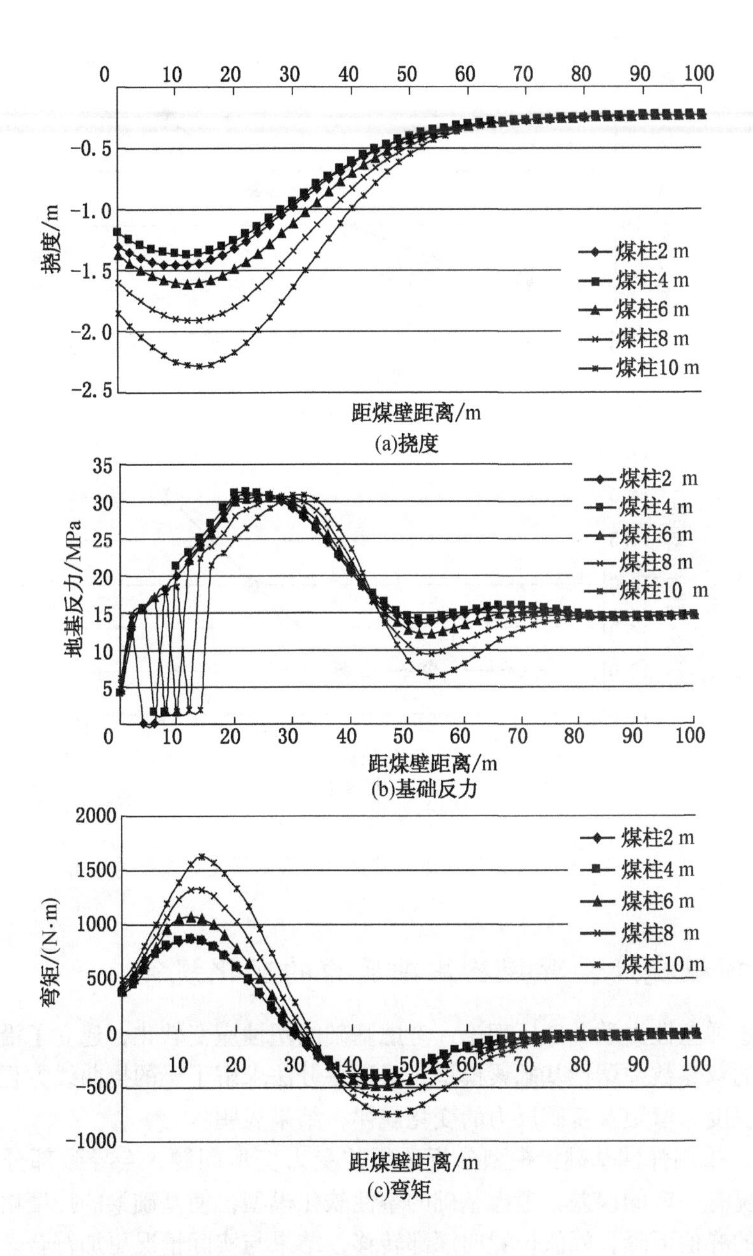

图3-13 煤柱宽度不同时梁的挠度、基础反力和弯矩

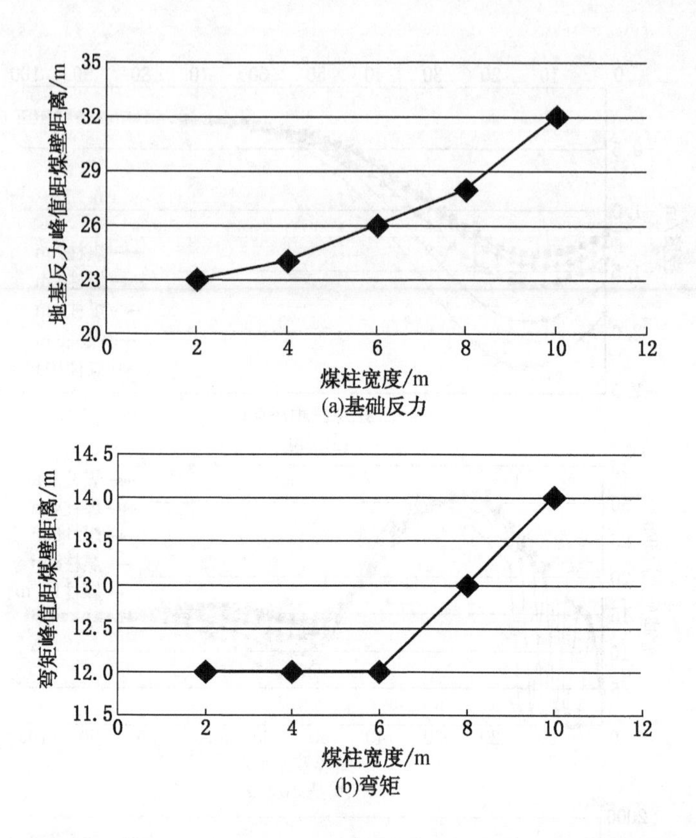

图3-14 煤柱宽度不同时基础反力和弯矩峰值距煤壁的距离

3.4 顶板挠度、弯矩及基础反力的变化规律

基于弹塑性力学及矿压理论，考虑基础的塑性应变软化，建立了沿空侧向基本顶的双参数弹塑性基础梁模型，采用差分法求解了梁的挠曲线方程，分析了顶板挠度、弯矩及基础反力的变化规律，结果表明：

（1）采用弹性基础梁模型分析顶板的受力变形问题，会导致部分结果与实际情况有一定的误差；考虑基础的塑性软化模型，使基础梁的挠度增加，基础反力的峰值下降，峰值位置向深部转移，结果与实际情况更加符合。

（2）基于梁中弯矩最大处为顶板可能破断位置的认识，通过理论分析具体工况下沿空侧向坚硬基本顶的双参数弹塑性基础梁模型，可以为沿空侧向顶板的变形、损伤及破断提供理论基础。

（3）载荷峰值位置对基础梁的挠度、弯矩及基础反力影响比较大，在基本顶破断前弯矩峰值距煤壁的距离，随载荷峰值距煤壁的距离增加而近似线性增加。

（4）沿空巷道开挖后，在其他参数不变的情况下，巷道宽度由 3 m 增加到 5 m，使基础梁挠度的最大值及弯矩最大值增加 30% 左右，而基础反力曲线变化较小。

（5）巷道宽度不同时，煤柱宽度对基础梁挠度、弯矩及基础反力的影响也不同，其中巷道宽度为 3 m 时，随煤柱宽度的增加，基础梁中弯矩最大值距煤壁位置几乎不变，而基础反力峰值位置随煤柱宽度的增加，呈现先保持不变然后再线性增加的趋势；巷道宽度为 5 m 时，随煤柱宽度的增加，基础梁中弯矩最大值距煤壁位置呈现先保持不变然后再线性增加的趋势，而基础反力峰值位置随煤柱宽度的增加而增加。

（6）弹塑性双参数基础梁模型有望成为分析覆岩结构稳定性，提供巷道支护参数和依据的强有力工具。

4 深部综放大断面沿空掘巷围岩侧向应力分布

4.1 侧向支承压力分布基本规律概述

4.1.1 侧向支承压力分布形式

根据宋振骐的实用矿山压力理论，采煤工作面的侧向支承压力有三种分布形式，即单一弹性状态分布、无内应力场的弹塑性状态分布和出现内应力场的弹塑性状态分布。在基本顶侧向断裂深入到实体煤上方时，侧向支承压力呈现出具有内、外应力场的分布形式，即第三种分布形式。内外应力场由基本顶岩梁质量、位态和跨度决定，宽度为 S_0；外应力场与上覆岩层总质量有关，它由新形成的塑性区（宽度为 X_0'）及弹性区（S_1）组成。内、外应力场均受到基本顶运动的影响，直至岩层触矸，顶板运动完成，则压力进入相对稳定的状态。采煤工作面侧向支承压力分布及其与顶板的关系如图 4-1 所示。

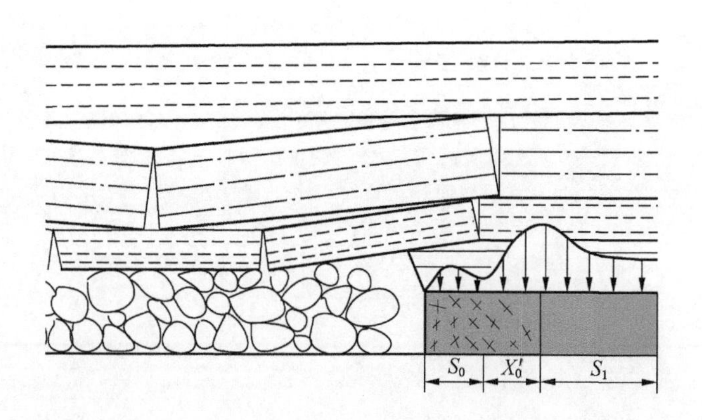

图 4-1　具有内、外应力场的侧向支承分布及其与顶板的关系

对于采煤工作面侧向支承压力而言，内应力场分布范围不存在缩小情况，外应力场的移动和扩展是通过内应力场范围增大和煤层再度压缩破坏实现的，而且基本顶中每个岩梁的运动影响只有一次。

4.1.2　外应力场的侧向支承分布

侧向外应力场源于悬露岩层的总作用力，由这些岩层的跨度和总厚度决定，在侧向外应力场下方的煤层中同时存在弹性区和塑性区，这是外应力场的特点。

侧向外应力场的分布范围在基本顶岩梁断裂前达到最大，断裂完成后由于基本顶压力向内应力场转移而变小，应力峰值随上覆岩层的沉降（即岩层压力向内应力场转移）而下降。在基本顶沉降运动停止时，外应力场达到稳定。

4.1.3　侧向支承压力动态变化

侧向支承压力分布和走向推进方向上支承压力分布有一定的相似性，采场上覆岩层在破坏前能够保持向四周传递力的连续性，而且煤层周边压力可以相互转移。侧向支承压力大约在超前支承压力出现的同时，在上下顺槽的煤壁上出现，其峰值深入煤体内的距离与影响范围也随远离回采工作面而有所变化。

随着工作面的推进，当支承压力的峰值 $K\gamma H$（γ 为顶板岩层重力密度，H 为开采深度，K 为比例常数）大于煤体的单向抗压强度 σ 时，煤壁附近的煤体发生塑性破坏，压力峰值不在煤壁处，而是向煤体内转移。如此，侧向支承压力的影响带从煤壁向外延伸，采空区内两侧煤壁开始屈服，侧向支承压力的峰值位置向煤体内转移。侧向支承压力峰值向煤体内转移的过程也就是煤柱一侧由弹性状态向塑性状态转化的动态过程。

在工作面初采阶段，煤体基本上处于弹性状态，支承压力分布曲线为负指数函数曲线，支承压力的高峰位于煤壁处。随工作面推进，支承压力高峰向煤体内深部转移。压力高峰位置至煤壁的距离随工作面推进而缓慢增大。当工作面推过一定的距离后，支承压力高峰位置至煤壁的距离基本上稳定，随工作面推进不再增大。

在工作面后方采空区两侧侧向支承压力分布有四种典型的曲线。

（1）单峰曲线。在工作面后方附近至工作面距离小于基本顶的周期来压步距，基本顶未断裂前，为一单峰曲线。

（2）双峰曲线。工作面后方一倍的周期来压步距的区域内，岩梁显著运动，基本顶在两侧煤壁前方断裂，形成内、外应力场，为一双峰曲线。

（3）大小双峰曲线。工作面后方大于 2 ~ 3 倍的周期来压步距的区域内，基本顶在采空区触矸，其运动相对基本稳定，内应力场中应力明显下降。

（4）峰值向煤壁深处转移的单峰曲线。工作面后方大于5倍的周期来压步距的区域以远，基本顶在两侧煤壁处断裂，运动已稳定，内应力场中应力基本不显示，煤壁外侧处于塑性阶段。侧向支承压力分布曲线为一峰值向煤壁深处转移的单峰曲线。

侧向支承压力高峰位置至煤壁的距离随远离工作面而增加，其影响范围也增加。工作面推进，后方两侧煤体在相当长时间内仍处于支承压力影响范围内。当上方岩梁运动相对稳定后，支承压力的影响范围及高峰位置才基本上不变。

采空区内支承压力分布受覆岩中软弱夹层的厚度和硬度影响，同时与覆岩厚硬岩层的运动状态及采空区范围密切相关。在采空区内，支承压力随远离工作面而增加，后方支承压力高峰位置在触矸点附近。对于坚硬基本顶，周期来压步距大，后方支承压力的应力集中系数高。在充分采动条件下，工作面后方相当远处，上覆岩层运动整体趋于稳定，采空区内压力可能略高于原始应力，而后逐渐恢复到原始应力状态。

4.2 侧向内应力场的存在条件及分布规律

4.2.1 侧向内应力场存在条件

采煤工作面侧向内应力场出现的必要条件是煤壁附近有塑性区存在，其宽度受到塑性区宽度的限制。考虑煤层受到压缩，假设煤层内的垂直应力达到其抗压强度，煤层将出现塑性破坏，则出现塑性区的判别式为

$$H_{\min}=\frac{\sigma_{c}}{K_{\max}\overline{\gamma}} \tag{4-1}$$

或

$$\sigma_{c\min}=K_{\max}\cdot\overline{\gamma}\cdot H \tag{4-2}$$

式中 $H_{\min}$——出现内应力场的临界深度，m；

$\overline{\gamma}$——上覆岩层的平均重力密度，kg/m^3；

$K_{\max}$——最大应力集中系数，一般取2~3，大多数情况下可取2.5；

$\sigma_{c\min}$——出现内应力场的煤层最小单轴抗压强度，MPa，重力加速度取值为10 m/s^2；

σ_{c}——出现内应力场的煤层单轴抗压强度，MPa，重力加速度取值为10 m/s^2。

从式（4-1）、式（4-2）中可以得出：

(1) 煤层强度 σ_c 越大，在采深不变的前提下煤层塑性区范围越小，出现内应力场的临界深度将越大。

(2) 采深 H 和应力集中系数 K 越大，在煤层强度一定的前提下其塑性区范围越大。

(3) 在上覆地层厚度和性质一定的条件下，煤层及开采高度一定的前提下，煤层上的侧向支承压力大小和分布范围以及塑性区范围都有确定值；当采高增大时，塑性区范围往往也增大。

根据式 (4-1) 和式 (4-2) 可以得到内应力场存在的必要条件公式：

$$H > H_{min} \quad 或 \quad \sigma_c < \sigma_{cmin} \tag{4-3}$$

当煤的 σ_c 抗压强度取 20 MPa，应力集中系数取 2.5，上覆岩层平均重力密度取 0.026 MN/m^3，可求得 H_{min} 为 307.6 m。由此可以认为，在深部开采时，采煤工作面多数具备了存在侧向内应力场的必要条件。

4.2.2 侧向内应力场分布规律

侧向内应力场的大小由基本顶岩梁及直接顶的质量所决定，基本顶岩梁断裂后，内应力场中与煤壁水平距离为 x 处的支承压力表达式：

$$\sigma_y = G_x y_x \tag{4-4}$$

式中 σ_y——竖向应力，MPa；

G_x——x 处的煤层刚度，MPa/m；

y_x——x 处煤层压缩量，m。

塑性区内的水平应力 σ_x、煤层刚度 G_x 均由煤壁开始向深部逐渐增大，而煤层压缩量 y_x 的变化恰恰相反，各自的分布如图 4-2 所示。

假设 G_x 和 y_x 随着 x 的变化是线性的，则内应力场的表达公式为

$$\sigma_y = \frac{G_0 y_0 x(S_0 - x)}{S_0^2} \tag{4-5}$$

式中 G_0——最大刚度值，MPa/m；

y_0——煤壁最大压缩量，m；

S_0——内应力场的宽度，m。

由上式及前面的分析可以得到：

(1) 基本顶及直接顶的质量决定着内应力场的大小，参与运动的岩梁数越多、岩梁厚度和强度越大，则内应力场的数值越大。

(2) 内应力场中的应力峰值与其宽度 S_0 成反比，S_0 由下部基本顶侧向断裂线的位置决定，S_0 越小，应力峰值越大。

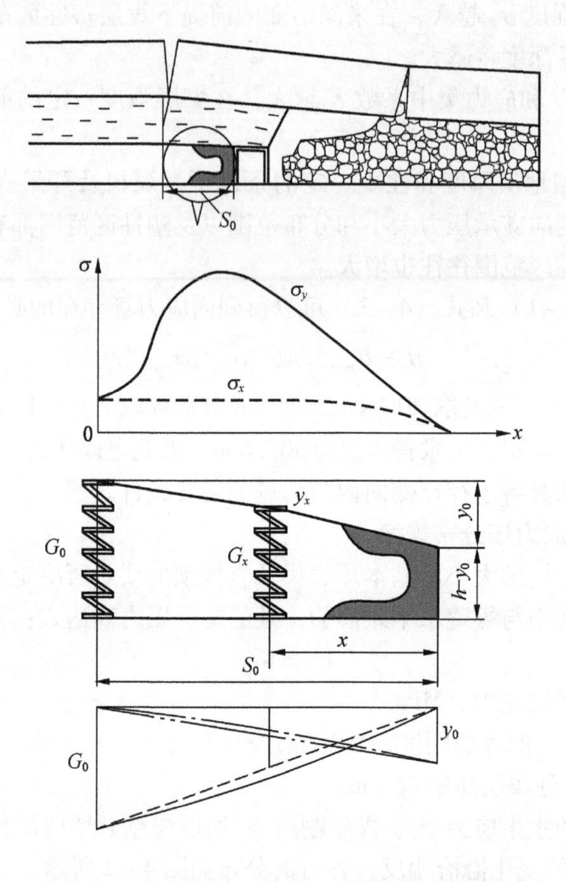

图4-2 内应力场支承压力分布力学模型

5 深部综放大断面沿空掘巷围岩变形规律模拟

5.1 围岩塑性状态模拟方法

5.1.1 判定沿空掘巷围岩塑性状态

沿空掘巷的围岩变形比同等条件下留设宽煤柱护巷时的巷道（称之为普通巷道）围岩变形大得多，其中的一条主要原因在于沿空掘巷的围岩的塑性区范围比普通巷道大，在深部更是如此。因此，判断沿空掘巷围岩是否进入塑性状态及其塑性区范围是沿空掘巷围岩控制的前提。

假设围岩是典型的弹塑性介质，即可由弹性状态发展到塑性状态，并假定在平面应变状态下分析，根据摩尔－库仑准则和不相关的流动法则，设屈服面方程为

$$f=\sigma_1-k_\varphi\sigma_3-2c(k_\varphi)^{\frac{1}{2}} \tag{5-1}$$

塑性势函数为

$$g=\sigma_1-k_\psi\sigma_3-2c(k_\psi)^{\frac{1}{2}} \tag{5-2}$$

$$k_\varphi=\frac{1+\sin\varphi}{1-\sin\varphi}$$

$$k_\psi=\frac{1+\sin\psi}{1-\sin\psi}$$

式中 c——黏聚力，kN/m^2；
φ——内摩擦角，(°)；
ψ——剪胀角，(°)；
k_φ——φ 的屈服强度，MPa；
k_ψ——ψ 的屈服强度，MPa；
σ_1、σ_3——分别为最大主应力、最小主应力，MPa。

当式（5－1）与式（5－2）相一致时，即 $\varphi=\psi$ 时为与屈服条件相关联的流动法则，显然，关联流动法则是非关联流动法则的一种特殊形式。

塑性状态下的应变增量可表示为弹性应变增量和塑性应变增量之和：

$$\mathrm{d}e_i=\mathrm{d}e_i^{e}+\mathrm{d}e_i^{p}\quad(i=1,3) \tag{5-3}$$

式中 $\mathrm{d}e_i$——应变增量；

$\mathrm{d}e_i^{e}$——弹性应变增量；

$\mathrm{d}e_i^{p}$——塑性应变增量。

流动法则规定了塑性应变增量向量的方向，即与塑性势面的方向垂直，由非关联的流动法则得到塑性应变率：

$$\begin{cases}\dot{e}_1^{p}=\lambda\dfrac{\partial g}{\partial\sigma_1}=\lambda\\ \dot{e}_3^{p}=\lambda\dfrac{\partial g}{\partial\sigma_3}=-\lambda k_{\psi}\end{cases} \tag{5-4}$$

式中 λ——应变系数，可由围岩所处的应力状态求出；

g——塑性势函数；

σ_1——最大主应力，MPa；

σ_3——最小主应力，MPa。

由式（5－4）得：

$$\begin{cases}\mathrm{d}e_1^{p}=\lambda\mathrm{d}t\\ \mathrm{d}e_3^{p}=-\lambda k_{\psi}\mathrm{d}t\end{cases} \tag{5-5}$$

式中 t——时间变量。

弹性主应力增量为

$$\begin{cases}\mathrm{d}\sigma_1=\xi_1\mathrm{d}e_1^{e}+\xi_2\mathrm{d}e_3^{e}\\ \mathrm{d}\sigma_3=\xi_2\mathrm{d}e_1^{e}+\xi_1\mathrm{d}e_3^{e}\end{cases} \tag{5-6}$$

式中 ξ_1——体积模量材料常数，$\xi_1=k+\dfrac{2}{3}G$；

ξ_2——剪切模量材料常数，$\xi_2=k-\dfrac{2}{3}G$；

k——体积模量；

G——剪切模量。

将式（5－3）及式（5－5）代入式（5－6）得：

$$\begin{cases}\mathrm{d}\sigma_1=\xi_1(\mathrm{d}e_1-\lambda\mathrm{d}t)+\xi_2(\mathrm{d}e_3+\lambda k_{\psi}\mathrm{d}t)\\ \mathrm{d}\sigma_3=\xi_2(\mathrm{d}e_1-\lambda\mathrm{d}t)+\xi_1(\mathrm{d}e_3+\lambda k_{\psi}\mathrm{d}t)\end{cases} \tag{5-7}$$

考虑巷道开挖前初始弹性主应力场为 σ_1^{I}、σ_3^{I}，则开挖后主应力与增量有如下关系：

$$\sigma_1^{\mathrm{I}} - \sigma_i = \mathrm{d}\sigma_1^{\mathrm{I}} - \mathrm{d}\sigma_i \quad (i=1,3) \tag{5-8}$$

而初始地应力增量可由下式给出：

$$\begin{cases} \mathrm{d}\sigma_1^{\mathrm{I}} = \xi_1 \mathrm{d}e_1 + \xi_2 \mathrm{d}e_3 \\ \mathrm{d}\sigma_3^{\mathrm{I}} = \xi_2 \mathrm{d}e_1 + \xi_1 \mathrm{d}e_3 \end{cases} \tag{5-9}$$

将式（5－7）代入式（5－8）可得：

$$\begin{cases} \sigma_1 = \sigma_1^{\mathrm{I}} - \lambda \mathrm{d}t(\xi_1 - \xi_2 k_\psi) \\ \sigma_3 = \sigma_3^{\mathrm{I}} - \lambda \mathrm{d}t(\xi_2 - \xi_1 k_\psi) \end{cases} \tag{5-10}$$

式（5－10）表明，开挖以后新的主应力是由初始地应力场、材料常数和参数 λ 决定的。

λ 值可由式（5－10）代入式（5－1）并取屈服面方程 $f=0$ 求得：

$$\lambda \mathrm{d}t = \frac{\sigma_1^{\mathrm{I}} - k_\varphi \sigma_3^{\mathrm{I}} - 2c(k_\varphi)^{\frac{1}{2}}}{\xi_2(1 + k_\varphi k_\psi) - \xi_1(k_\varphi + k_\psi)} = \frac{f(\sigma_1^{\mathrm{I}}, \sigma_3^{\mathrm{I}}, c, k_\varphi)}{r} \tag{5-11}$$

$$r = \xi_2(1 + k_\varphi k_\psi) - \xi_1(k_\varphi + k_\psi)$$

式中　r——应力圆半径，m。

将式（5－11）代入式（5－10）可导出巷道围岩某一点主应力塑性状态判定方程为

$$\begin{cases} \sigma_1 = \sigma_1^{\mathrm{I}} - (\xi_1 - \xi_2 k_\psi) \dfrac{f(\sigma_1^{\mathrm{I}}, \sigma_3^{\mathrm{I}}, c, k_\varphi)}{r} \\ \sigma_3 = \sigma_3^{\mathrm{I}} - (\xi_2 - \xi_1 k_\psi) \dfrac{f(\sigma_1^{\mathrm{I}}, \sigma_3^{\mathrm{I}}, c, k_\varphi)}{r} \end{cases} \tag{5-12}$$

上面的围岩塑性变形判定方法，通过有限差分程序 $\mathrm{FLAC^{3D}}$ 可以很容易地实现。

在数值模拟中岩层选择摩尔－库仑准则模型，煤层和岩层相比强度要低得多，更加容易破坏，而且破坏后的强度更低，为此，煤层选择了摩尔－库仑准则基础上的应变软化本构模型。

随着埋深的增加，深部岩体一般具有高应力的特点，岩石在应力达到峰值强度之后，随着变形的继续增加，其强度迅速降到一个较低的水平，这种由于变形引起的岩石材料性能劣化的现象称之为“应变软化”。应变软化模型下岩石的应力应变曲线如图 5－1 所示。Hoek 和 Brown 指出一般岩土地下工程都表现为应变软化模式；郑宏、葛修润指出在低围压及中等围压下岩石本构关系是应变软化的，至多是弹脆性的。

应变软化模型是摩尔－库仑模型的一种特殊形式，两者之间的不同之处在于：在应变软化模型中，由预先定义的硬化参数，根据分段线性原则，在塑性

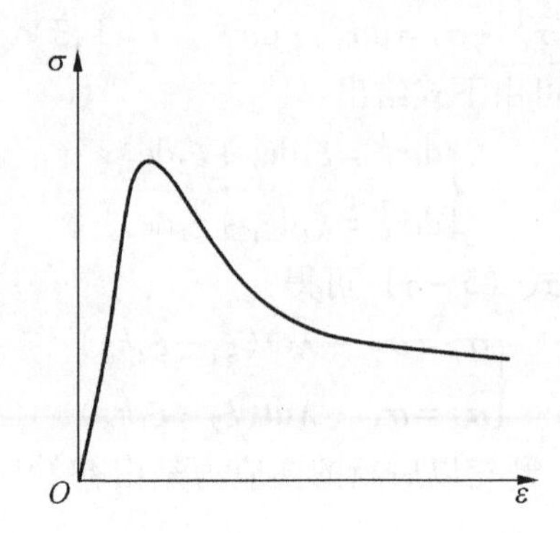

图5-1 应变软化模型下的岩石应力应变曲线

应变产生后，部分或所有单元的屈服参数，如黏结力、内摩擦角、剪胀角和拉伸强度都可能发生变化。在每一个时间步内，总的塑性剪应变和拉应变都会被增量硬化参数校验，然后模型参数会调节到与自定义方程一致。该准则在屈服面上，剪切失效应力点的位置由非关联流动准则决定，拉伸失效应力点的位置由关联流动准则决定。在主应力空间 $\sigma_1-\sigma_3$ 平面内，剪切失效包络线为式(5-1)。

拉伸失效包络线 $f_t=0$，由拉伸失效准则可表示为

$$f_t=\sigma_3-\sigma_t \tag{5-13}$$

式中 σ_t——抗拉强度，MPa。

σ_t 最大值为

$$\sigma_{t\max}=\frac{c}{\tan\varphi} \tag{5-14}$$

式中 c——内聚力，MPa；

φ——内摩擦角，(°)。

应变软化模型中的破坏准则、屈服函数、势函数、塑性流动准则和应力校正等都与相应的摩尔-库仑模型一致。在应变软化模型中，对于每个单元都要定义两个硬化参数 k^s 和 k^t，分别作为塑性剪应变和拉应变的增量度量的和。

在 FLAC^{3D} 计算的基本四面体单元中，可计算出单元剪切和拉伸硬化增量。对于一个指定的四面体，其剪切硬化增量是由塑性剪应变增量张量的第二不变量来定义的，即

$$\Delta k^s=\sqrt{\frac{(\Delta\varepsilon_1^{ps}-\Delta\varepsilon_m^{ps})^2+(\Delta\varepsilon_m^{ps})^2+(\Delta\varepsilon_3^{ps}-\Delta\varepsilon_m^{ps})^2}{2}} \tag{5-15}$$

$$\Delta\varepsilon_m^{ps}=\frac{\Delta\varepsilon_1^{ps}+\Delta\varepsilon_3^{ps}}{3} \tag{5-16}$$

$$\Delta\varepsilon_1^{ps}=\lambda^s \tag{5-17}$$

$$\Delta\varepsilon_3^{ps}=-\lambda^s k_\psi \tag{5-18}$$

$$\lambda^s=\frac{f(\sigma_1^{\mathrm{I}},\sigma_3^{\mathrm{I}})}{(\alpha_1-\alpha_2k_\psi)-(-\alpha_1k_\psi+\alpha_2)k_\varphi} \tag{5-19}$$

$$k_\psi=\frac{1+\sin\psi}{1-\sin\psi} \tag{5-20}$$

$$\alpha_1=K+\frac{4}{3}G \tag{5-21}$$

$$\alpha_2=K-\frac{2}{3}G \tag{5-22}$$

式中　Δk^s——剪切硬化增量；

$\Delta\varepsilon_m^{ps}$——体塑性剪切应变增量；

$\Delta\varepsilon_1^{ps}$、$\Delta\varepsilon_3^{ps}$——第1和第3主应力方向的塑性剪切应变增量；

λ^s——第1主应力的塑性剪切应变增量；

k_ψ——ψ的屈服强度，MPa；

α_1、α_2——由剪切模量和体积模量定义的材料常数；

σ_1^{I}、σ_3^{I}——迭代过程中的试算应力，MPa。

拉伸硬化增量则由塑性剪切应变增量表示为

$$\Delta k^t=|\Delta\varepsilon_3^{pt}|=\left|\frac{\sigma_3^{\mathrm{I}}-\sigma_t}{\alpha_1}\right| \tag{5-23}$$

式中　Δk^t——拉伸硬化增量；

$\Delta\varepsilon_3^{pt}$——第3主应力方向的塑性剪切应变增量。

同样，上面的围岩塑性变形判定方法，通过有限差分程序 FLAC^{3D}可以很容易地实现。

5.1.2　数值建模实例

1. FLAC^{3D}简介

FLAC^{3D}（Fast Lagrangian Analysis of Continua）是美国 Itasca 软件开发公司开发的三维快速拉格朗日分析程序，三维快速拉格朗日法是一种基于三维显式有限差分法的数值分析方法。三维快速拉格朗日分析采用了显示有限差分格式来求解场的控制微分方程，并应用了混合单元离散模型，可以精确地模拟材料的屈服、塑性流动、软化直至大变形，尤其在材料的弹塑性分析、大变形分析以及模拟施工过程等领域有其独到的优点。

FLAC^{3D}是面向土木工程、交通、水利、石油、采矿及环境工程的通用软件系统，在国际土木工程(尤其是岩土工程)等学术界、工业界具有广泛的影响和良好的声誉。该程序较好地模拟地质材料在达到强度极限或屈服极限时发生的破坏或塑性流动的力学特性，特别适用于分析渐进破坏失稳以及模拟大变形。

FLAC^{3D}包含 10 种力学本构模型：1 个开挖模型、3 个弹性模型、6 个塑性模型，有静力、动力、蠕变、渗流、温度等多种计算模式，可以模拟梁、锚元、桩、壳以及人工结构，如支护、衬砌、锚索等。

2. 数值模型的建立

1）几何模型

根据东滩煤矿 1306 综放工作面生产地质条件，对综放工作面沿空掘巷的围岩应力及位移演化过程进行模拟。模型尺寸为 600 m × 360 m × 180 m（长 × 宽 × 高），共有 268000 个单元体，沿空掘巷尺寸为 5 m × 3.8 m（宽 × 高）。

模型四个侧面为水平位移约束，底面为竖向位移约束，顶面为载荷边界，载荷大小为模型上边界以上的上覆岩层自重。模型尺寸如图 5 - 2 所示。

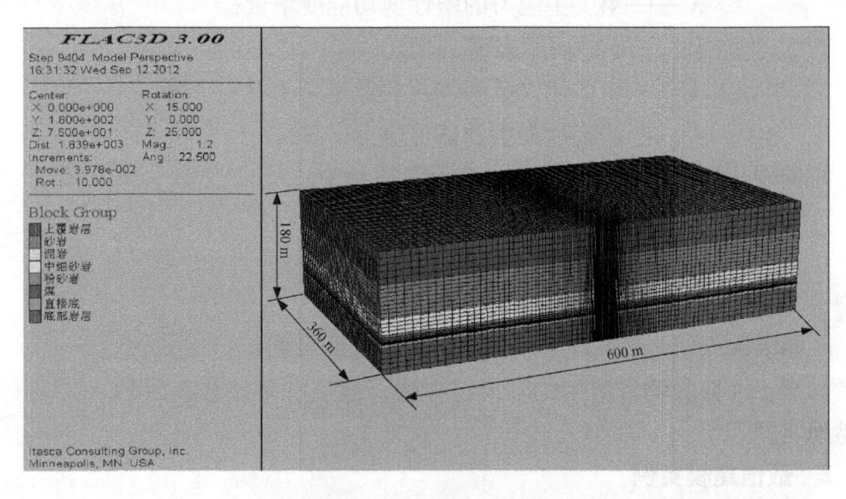

图 5 - 2　模型尺寸图

2）围岩物理力学参数

模型所采用的煤层及其顶底板岩层物理力学参数见表 5 - 1。由于东滩煤矿 1306 综放工作面埋深较大，平均为 600 m，开挖巷道引起应力重新分布，在巷道周围产生很大的应力集中，对巷道的稳定性影响较大。巷道围岩的变形一般处于非线性状态，由于巷道开挖引起的围岩损伤不断积聚，从而导致开挖损伤区影响范围较大。经典的弹塑性本构模型并不能很好地解决这种应变软化现象。因此，在本模拟中煤体采用应变软化模型，岩体采用摩尔－库仑模型。煤体软化后破坏参数变化如图5－3所示。

表5－1　工作面岩层物理力学参数

类别	岩性	厚度/m	弹性模量/GPa	泊松比	密度/(kg·m⁻³)	内摩擦角/(°)	黏聚力/MPa	抗拉强度/MPa
顶板	砂岩	110	4.0	0.20	2560	32	35	4
	泥岩	2	2.8	0.26	2480	31	5.5	1.6
	中细砂岩	20	2.5	0.25	2560	31	30	5.5
	泥质粉砂岩	3	3.6	0.235	2480	31	6	3
煤层	3煤	8.5	1.4	0.29	1400	32	5	0.8
底板	粉砂岩	4	4.1	0.22	2560	27	8	3.2
	细砂岩	32.5	5	0.20	2560	28	27	5.1

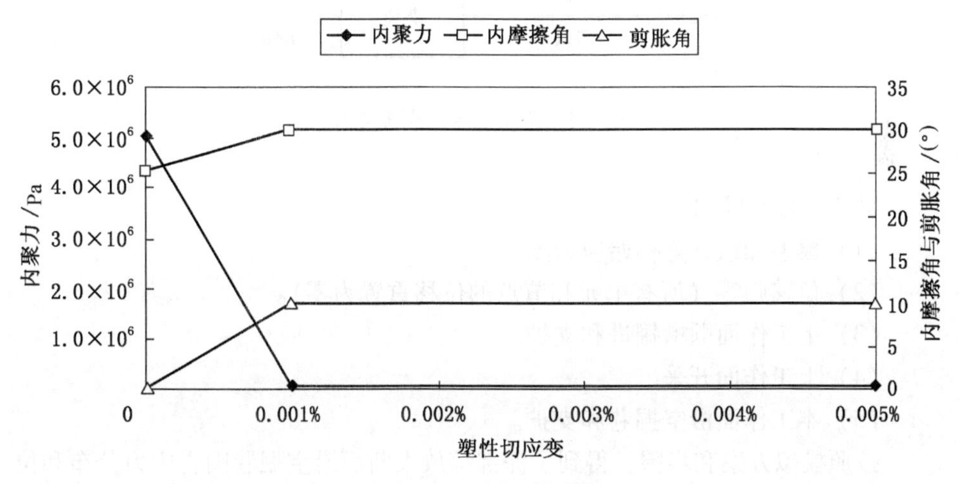

图5－3　煤体软化后破坏参数变化

3）数值模拟方案

工作面回采后，在工作面侧向的岩梁深入塑性区断裂，原来完整的应力场以岩梁断裂线为界分为内、外应力场两个部分。根据东滩煤矿1306综放工作面的开采条件，结合理论计算，可确定该综放面侧向基本顶断裂线深入到实体煤一侧顶板的上方，断裂线位置距采空区为 10 ~ 20 m。本次模拟在假定基本顶断裂线距采空区 12 m、16 m、20 m 三种情况下，分别模拟相同支护条件下不同煤柱宽度（3 m、4 m、5 m、6 m、7 m）时沿空掘巷围岩应力和变形的演化规律。然后，在相同煤柱宽度（煤柱宽度为 4 m）、相同基本顶侧向断裂线距采空区位置（16 m）的条件下，模拟沿空掘巷实体煤帮不同锚索长度（6 m、8 m、10 m、12 m）条件下围岩的变形演化规律。

4）数值模拟步骤

为了获取综放沿空掘巷围岩应力和位移在整个模拟过程中的分布和演化规律，在巷道断面的顶板和两帮分别布设一条测线，如图 5 -4 所示。

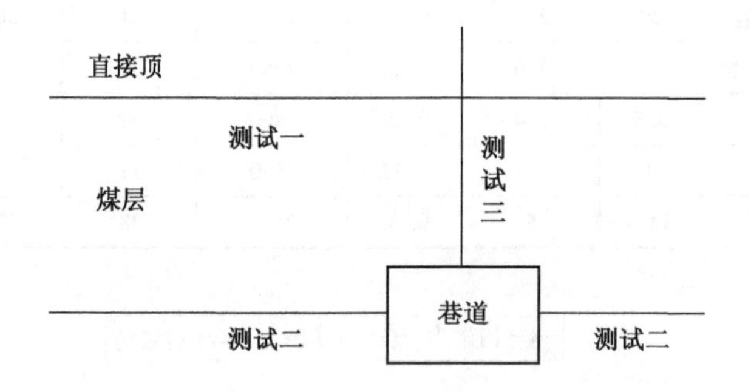

图 5 -4　沿空掘巷测线布置示意

数值模拟步骤如下：

（1）模型加载计算初始应力场。

（2）位移归零（所有单元和节点的位移重置为零）。

（3）上工作面顺槽掘进和支护。

（4）上工作面开采。

（5）本工作面沿空掘巷和支护。

按照模拟方案和步骤，得到了深部综放大断面沿空掘巷围岩应力分布和位移变化规律。

5.2　围岩应力分布规律

为便于分析，统一规定以下图形中压应力为正、拉应力为负。

5.2.1　工作面回采后地层竖向应力

当断裂线位于距煤壁 12 m、16 m、20 m 位置处时，工作面回采后煤岩层的竖向应力云图如图 5 – 5 至图 5 – 7 所示。从竖向应力云图中可以看出，在断裂线的两侧应力大小和分布明显不同，断裂线采空区侧竖向应力总体上小于断裂线外侧的竖向应力。

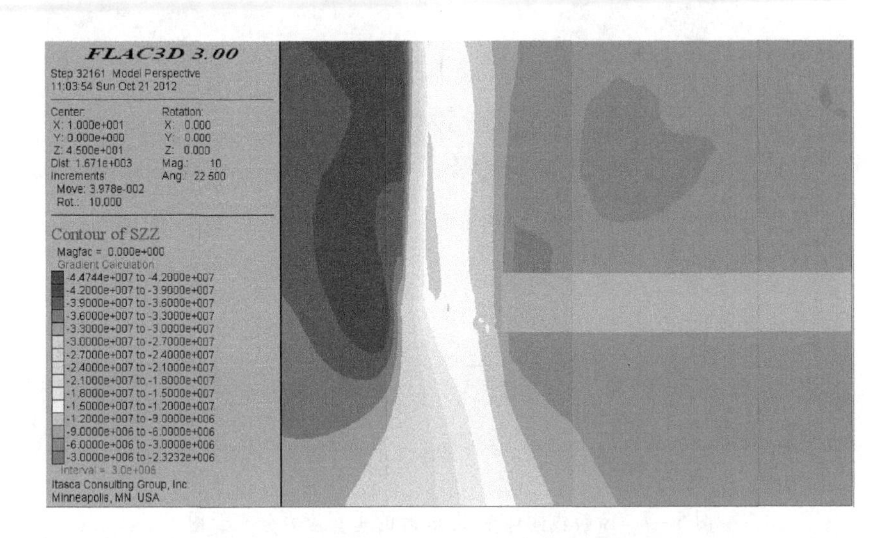

图 5 – 5　断裂线距煤壁 12 m 时的垂直应力分布云图

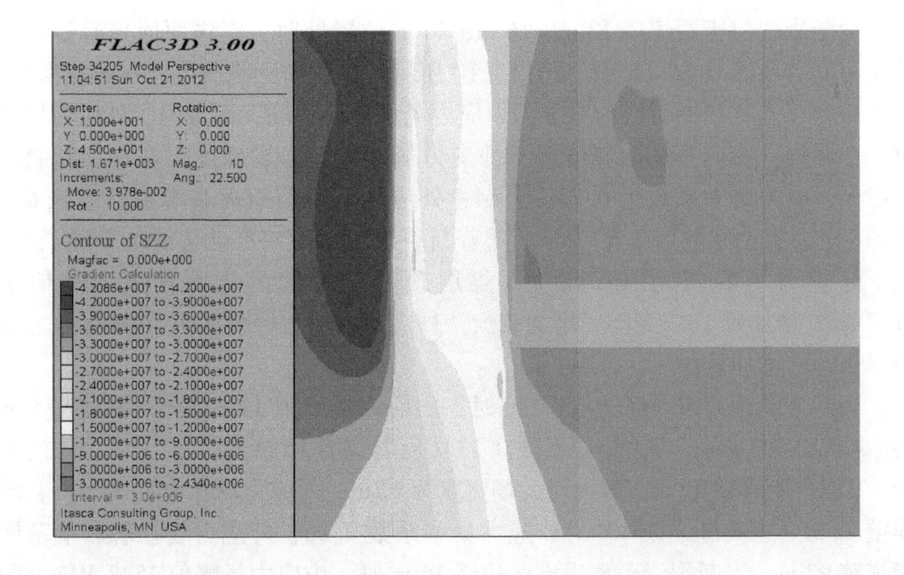

图 5 – 6　断裂线距煤壁 16 m 时的垂直应力分布云图

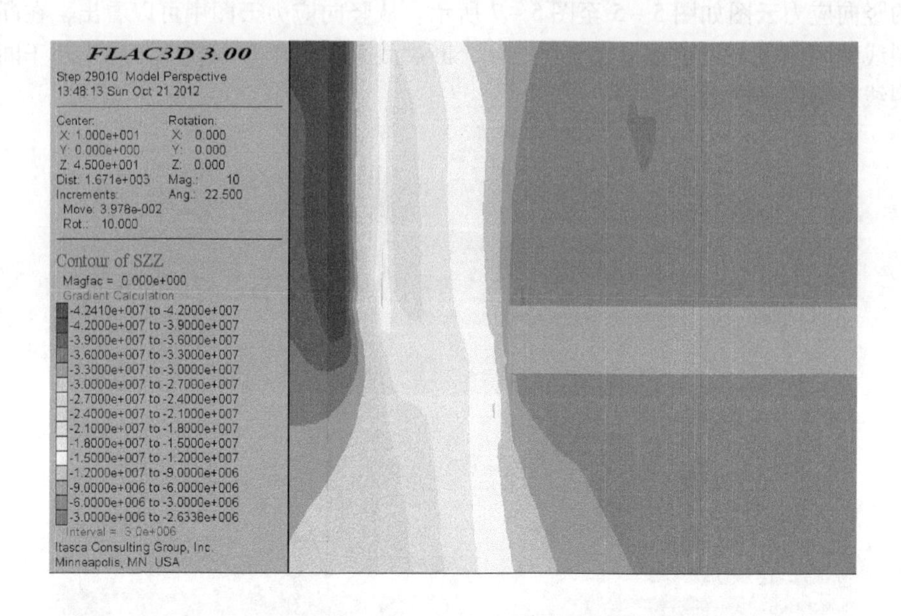

图 5-7　断裂线距煤壁 20 m 时的垂直应力分布云图

5.2.2　工作面回采后支承压力分布规律

当断裂线位于距煤壁 12 m、16 m、20 m 位置处时，工作面回采后侧向支承压力的分布曲线如图 5-8 至图 5-10 所示。从侧向支承压力分布曲线来看，支承压力以基本顶断裂线为界分为内应力场和外应力场，而且内、外应力场各有一个峰值，内应力场的峰值低于外应力场；内应力场峰值距基本顶断裂线 2~3 m，应力集中系数为 0.73~1.14；外应力场峰值距离基本顶断裂线 6~10 m，应力集中系数为 2.6~2.8。随着断裂线位置距采空区边缘的距离增大，内、外应力场峰值均有所增大。煤层顶部位置的内应力场应力峰值从 11.7 MPa 增加到 18.3 MPa，增加较大；外应力场应力峰值从 42.6 MPa 增加到 44.3 MPa，增加较小。

当断裂线距离采空区边缘 12 m 时，内应力场峰值 11.7 MPa，距煤壁 9 m（距离断裂线 3 m），应力集中系数 0.73（原岩应力 16 MPa），应力降低点的值为 7 MPa，距煤壁 12 m，即内应力场宽度为 12 m；外应力场峰值 42.6 MPa，距煤壁 22 m（距离断裂线 10 m），应力集中系数 2.66，外应力场显著影响范围距煤壁 92 m。当断裂线距离采空区边缘 16 m 时，内应力场峰值 15.2 MPa，距煤壁 14 m（距离断裂线 2 m），应力集中系数 0.95（原岩应力 16 MPa）；应力

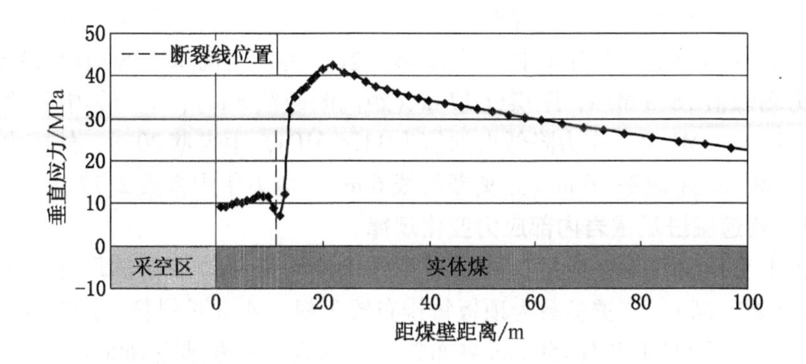

图 5-8 断裂线距煤壁 12 m 时测线一（煤层上表面）垂直应力分布曲线

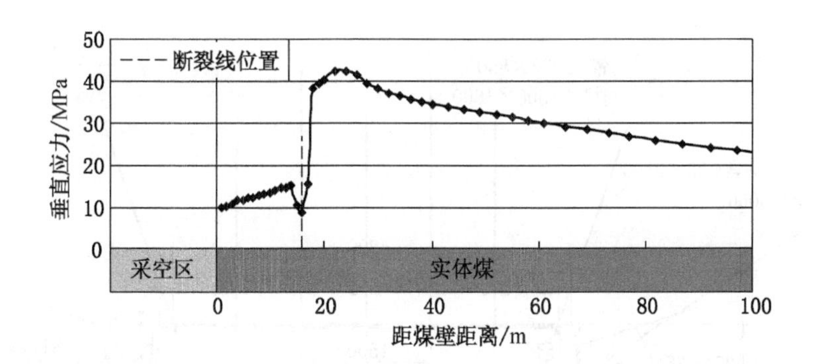

图 5-9 断裂线距煤壁 16 m 时测线一垂直应力分布曲线

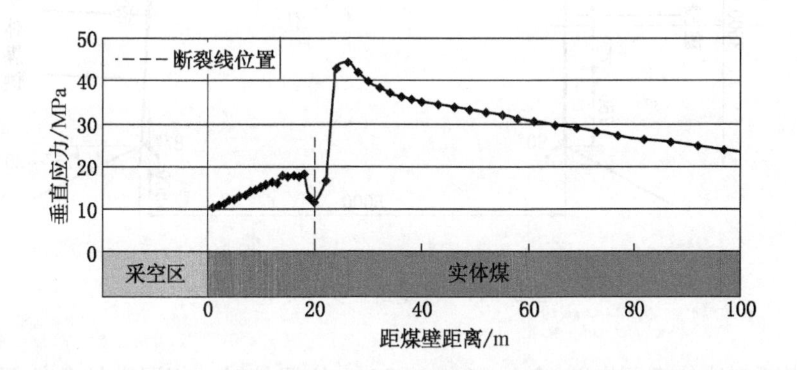

图 5-10 断裂线距煤壁 20 m 时测线一垂直应力分布曲线

降低点的值为 8.84 MPa，距煤壁 16 m；外应力场峰值 42.5 MPa，距煤壁 22 m（距离断裂线 8 m），应力集中系数 2.66。当断裂线距离采空区边缘 20 m 时，内应力场峰值 18.3 MPa，距煤壁 17 m（距离断裂线 3 m），应力集中系数 1.14（原岩应力 16 MPa），应力降低点的值为 11.5 MPa，距煤壁 20 m；外应力场峰值 44.3 MPa，距煤壁 26 m（距离断裂线 6 m），应力集中系数 2.77。

5.2.3 巷道掘进后围岩内部应力变化规律

待上工作面开采完成后，开挖下工作面沿空顺槽，顺槽的尺寸为 5 m × 3.5 m（宽 × 高），支护参数为顶板每排布置 7 根 2.4 m 长锚杆，间距 0.75 m，排距 0.8 m；距巷中左右 750 mm 各布置一排锚索，锚索排距 1600 mm；两帮每排布置 5 根 2 m 长的锚杆，沿空帮水平布置两根 3.5 m 长的锚索，间距 1.5 m，排距 1.6 m，巷道支护断面如图 5－11 所示。

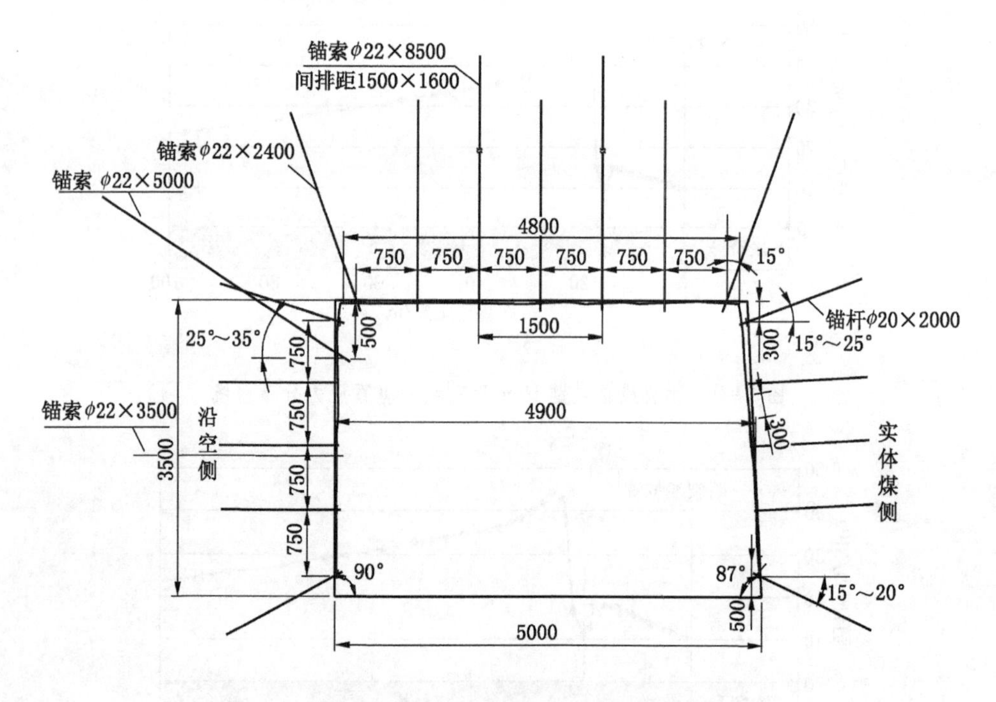

图 5－11 巷道断面支护示意

当断裂线位于距煤壁 12 m、16 m、20 m 位置处时，相同支护条件下不同煤柱尺寸（3 m、4 m、5 m、6 m、7 m）时顶煤测线一的垂直应力分布如图 5－12 至图 5－14 所示。

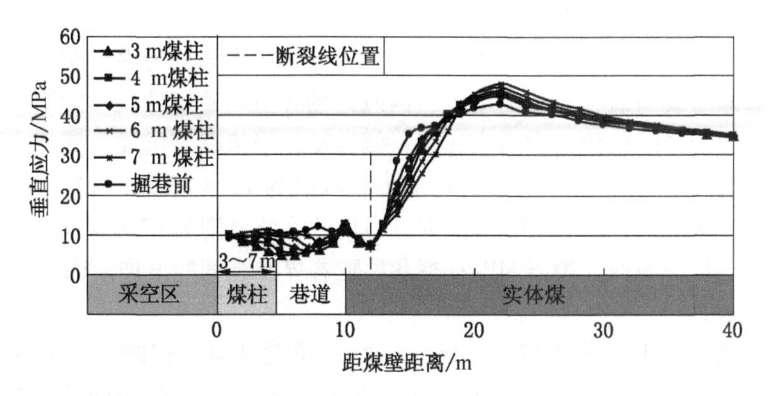

图5-12 断裂线距煤壁12 m时测线一垂直应力分布曲线

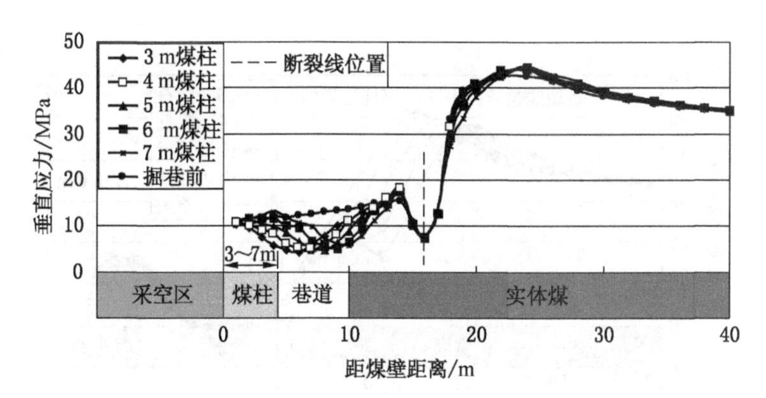

图5-13 断裂线距煤壁16 m时测线一垂直应力分布曲线

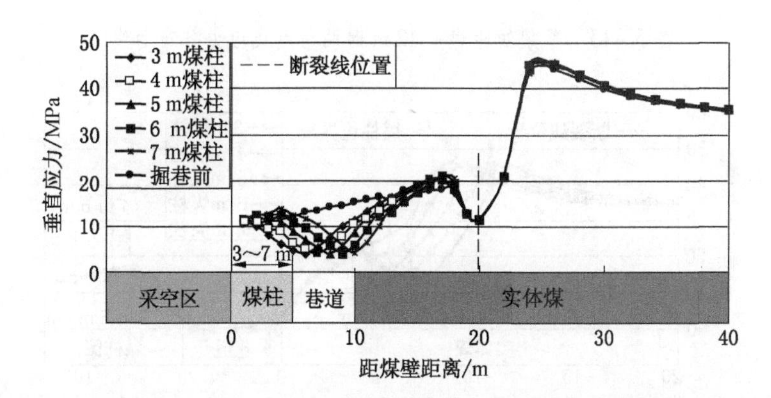

图5-14 断裂线距煤壁20 m时测线一垂直应力分布曲线

从侧向支承压力分布曲线可以看出：沿空掘巷掘进后，巷道上方顶煤内的竖向应力降低，侧向支承压力仍以断裂线为界将应力场分为内外两部分；掘巷后，随着断裂线与煤壁距离的增大，内应力场峰值随着煤柱尺寸的增大而有所增大，外应力场峰值位置向着实体煤一侧移动，峰值略有增加。例如，断裂线与煤壁距离为 20 m 时，掘巷前，内应力场峰值为 18.3 MPa；掘巷后，煤柱宽度取 3 m、4 m、5 m、6 m、7 m 时，内应力场的峰值分别为 17.6 MPa、17.9 MPa、18.6 MPa、19.6 MPa、20.5 MPa；掘巷后随着煤柱宽度的增加，内应力场峰值应力不断加大。

当断裂线位于距煤壁 12 m、16 m、20 m 位置处时，相同支护条件下不同煤柱尺寸（3 m、4 m、5 m、6 m、7 m）时两帮测线应力分布曲线如图 5－15 至图 5－17 所示。

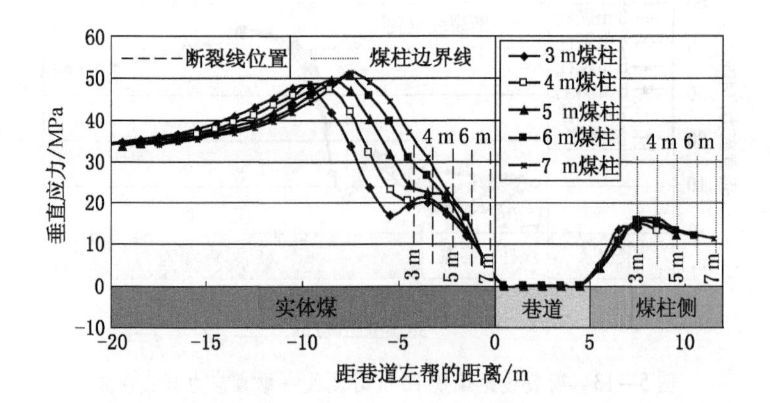

图 5－15　断裂线距煤壁 12 m 时两帮测线应力分布曲线

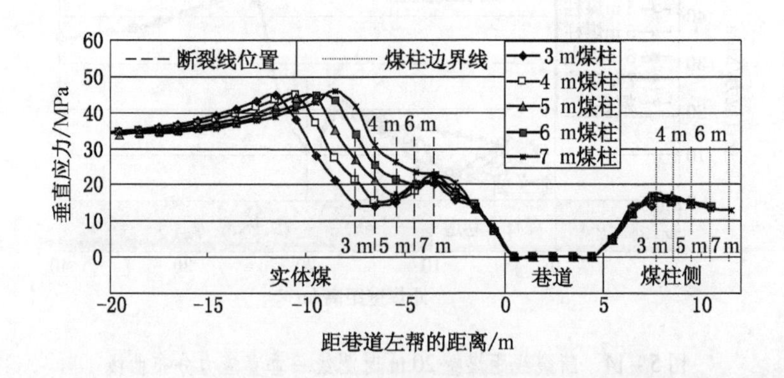

图 5－16　断裂线距煤壁 16 m 时两帮测线应力分布曲线

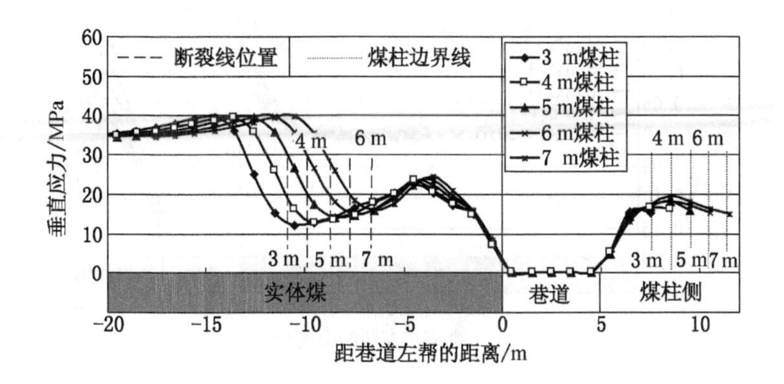

图 5-17 断裂线距煤壁 20 m 时两帮测线应力分布曲线

从巷道两帮煤体内的竖向应力分布曲线可以看出：①煤柱宽度越大，巷道实体煤帮的峰值应力越大而且位置越靠近巷道，说明随煤柱宽度的增加，实体煤帮的应力集中程度越高。②断裂线与煤壁距离为 12 m 时，当煤柱宽度为 3 m、4 m、5 m 时，巷道实体煤帮应力在断裂线处降低，且随着煤柱宽度的增加，断裂线处应力从 17.5 MPa 增加到 22.5 MPa；煤柱宽度为 6 m 和 7 m 时曲线在断裂线处没有出现应力降低点，煤柱宽度为 7 m 时断裂线处的应力最低；断裂线与煤壁距离为 16 m 时，当煤柱宽度为 3 m、4 m、5 m、6 m 时，巷道实体煤帮应力在断裂线处降低，且随着煤柱宽度的增加，断裂线处应力从 15.5 MPa 增加到 20 MPa；煤柱宽度为 7 m 时曲线在断裂线处没有出现应力降低点，煤柱宽度为 3 m 时断裂线处的应力最低。外应力场的峰值在 45 MPa 左右，变化不大。断裂线与煤壁距离为 20 m 时，应力仍以断裂线为界分为内、外应力场两部分，且随着煤柱宽度的增加，断裂线处应力从 12 MPa 增加到 16 MPa，外应力场的峰值在 39 MPa 左右，变化不大。

5.3 围岩位移变化规律

为了便于分析，规定竖向位移向上为正、向下为负，水平位移向右为正、向左为负（左帮为实体煤侧，右帮为小煤柱侧）。

5.3.1 侧向围岩位移变化规律

当断裂线与煤壁距离为 12 m、16 m、20 m 时，巷道掘进后两帮煤层内的水平位移和竖向位移分布曲线如图 5-18 至图 5-23 所示。

由两帮煤层内的水平位移和竖向位移分布曲线可以看出：①巷道实体煤帮

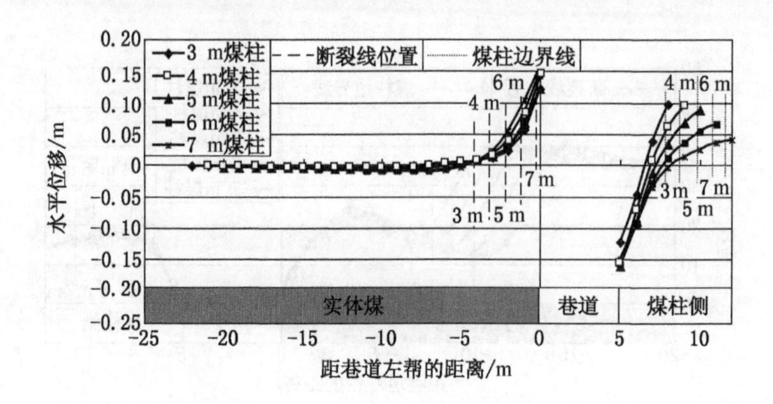

图5-18　断裂线距煤壁12 m时两帮测线二水平位移分布曲线

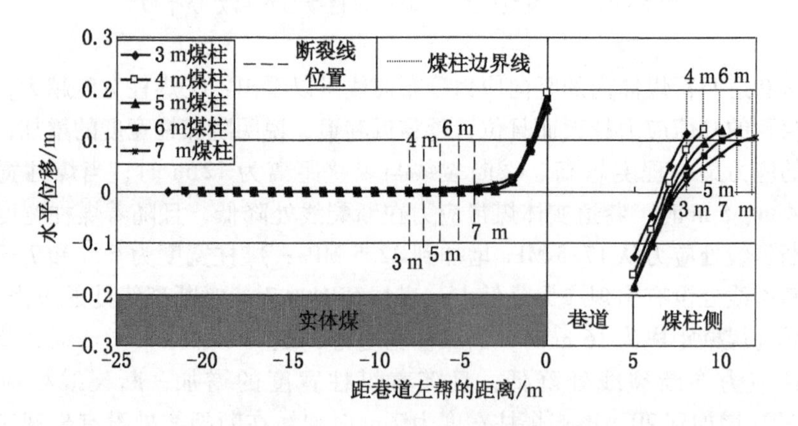

图5-19　断裂线距煤壁16 m时两帮测线二水平位移分布曲线

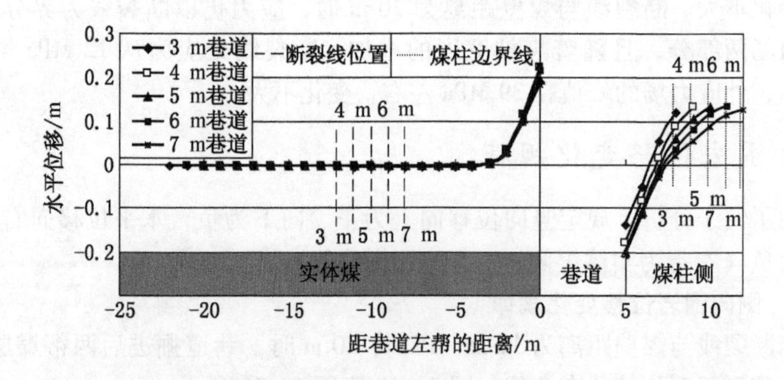

图5-20　断裂线距煤壁20 m时两帮测线二水平位移分布曲线

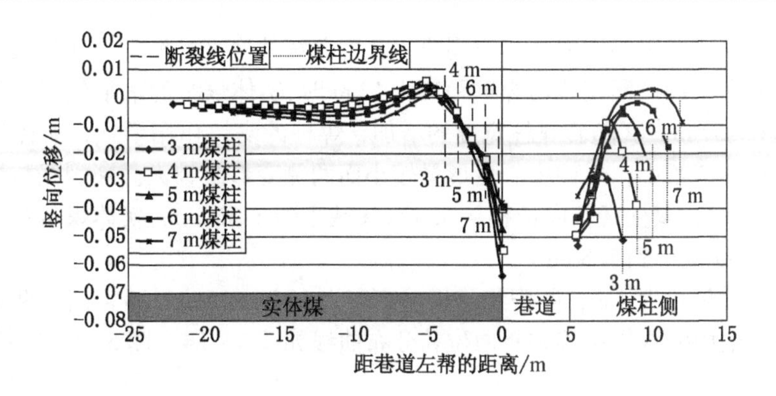

图 5-21　断裂线距煤壁 12 m 时两帮测线二竖向位移分布曲线

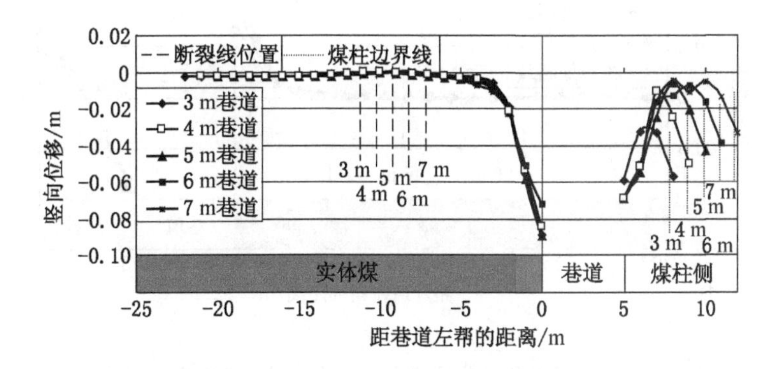

图 5-22　断裂线距煤壁 16 m 时两帮测线二竖向位移分布曲线

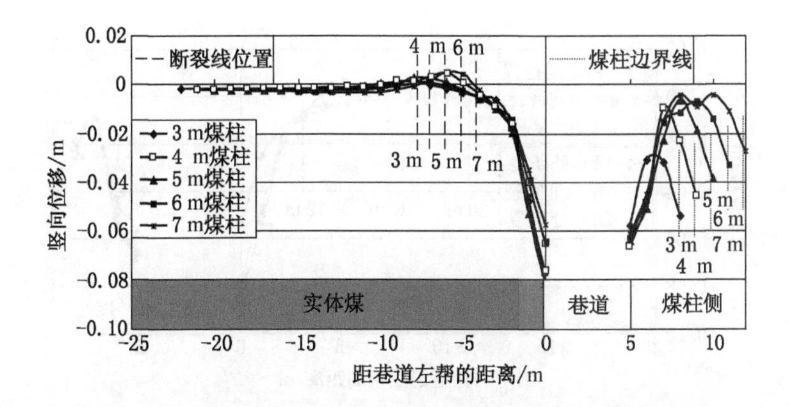

图 5-23　断裂线距煤壁 20 m 时两帮测线二竖向位移分布曲线

的水平位移变形主要集中在巷道周边，且随着煤柱宽度的增加，实体煤帮的水平位移有所增加；断裂线与煤壁距离为12 m时,实体煤帮的水平位移从0.12 m增加到0.157 m。②随着煤柱宽度的增加，煤柱的支撑作用增强，实体煤帮的竖向位移逐渐减小，煤柱中心变形量较小而两侧变形量较大。断裂线与煤壁距离为12 m时，煤柱帮竖向位移从5.33 cm减小到3.55 cm；实体煤帮的竖向位移从6.4 cm减小到3.8 cm。

当煤柱尺寸为4 m，断裂线与煤壁距离为12 m、16 m、20 m时，巷道掘进后两帮煤层内的水平位移和竖向位移分布曲线如图5－24、图5－25所示。

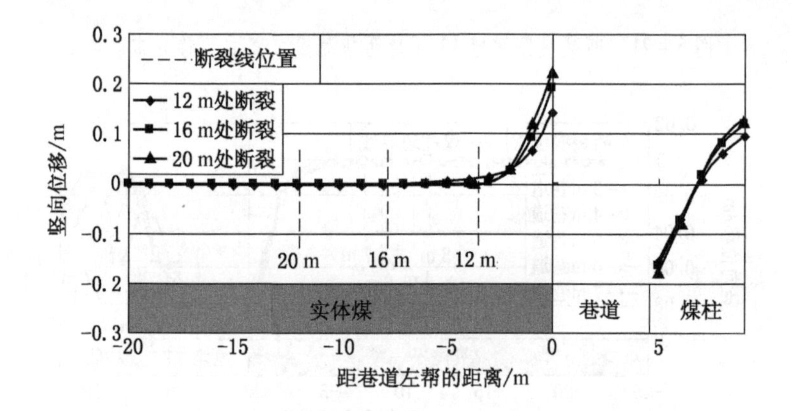

图5－24　不同断裂线位置留4 m煤柱时测线二竖向位移分布

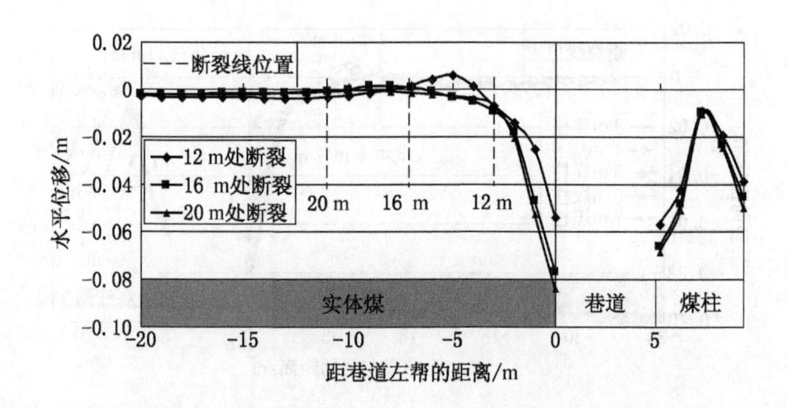

图5－25　不同断裂线位置留4 m煤柱时测线二水平位移分布

由图 5－24、图 5－25 可以看出：断裂线位置距离煤壁越远，巷道实体煤帮的竖向位移由 0.14 m 增加到 0.22 m，水平位移由 0.054 m 增加到 0.084 m；煤柱帮的竖向位移由 0.156 m 增加到 0.179 m，水平位移由 0.057 m 增加到 0.069 m，增幅均小于实体煤帮。

5.3.2 顶板位移变化规律

当断裂线与煤壁距离为 12 m、16 m、20 m 时，巷道掘进后顶板内的竖向位移和水平位移分布曲线如图 5－26 至图 5－31 所示。

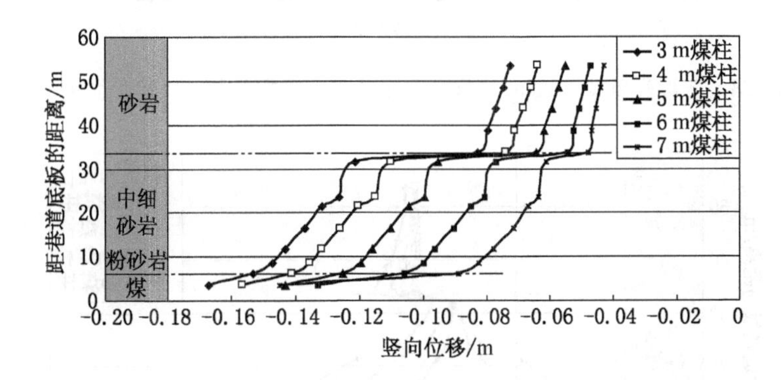

图 5－26　断裂线距煤壁 12 m 时巷道顶板测线三（巷道中线）竖向位移分布曲线

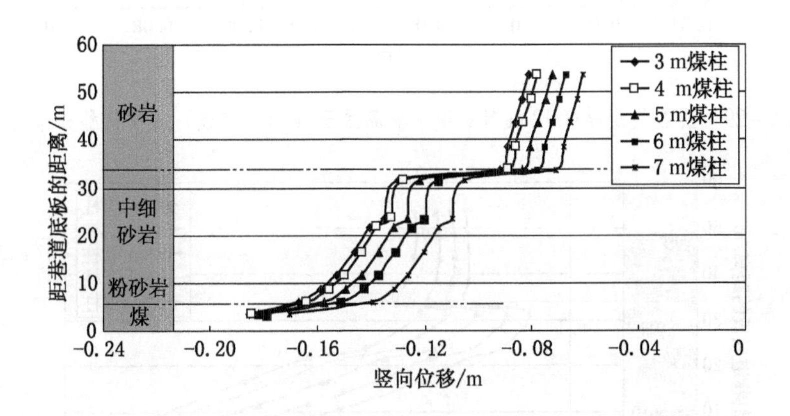

图 5－27　断裂线距煤壁 16 m 时巷道顶板测线三（巷道中线）竖向位移分布曲线

由图 5－26 至图 5－31 所示的曲线可以看出：①巷道顶板竖向位移在煤层和直接顶范围内较大，底板之上 6 m 范围内竖向位移最大，底板之上 6 ~

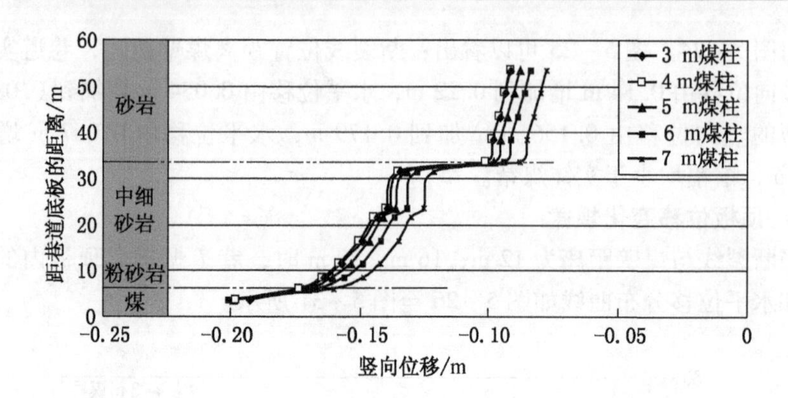

图5-28 断裂线距煤壁20 m时巷道顶板测线三（巷道中线）竖向位移分布曲线

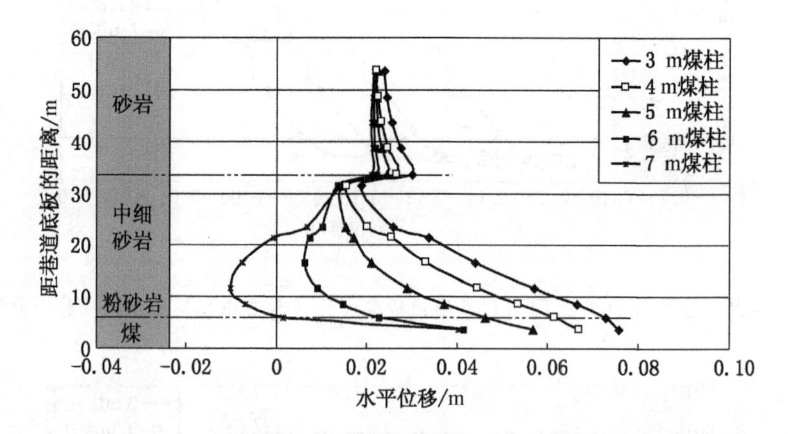

图5-29 断裂线距煤壁12 m时巷道顶板测线三（巷道中线）水平位移分布曲线

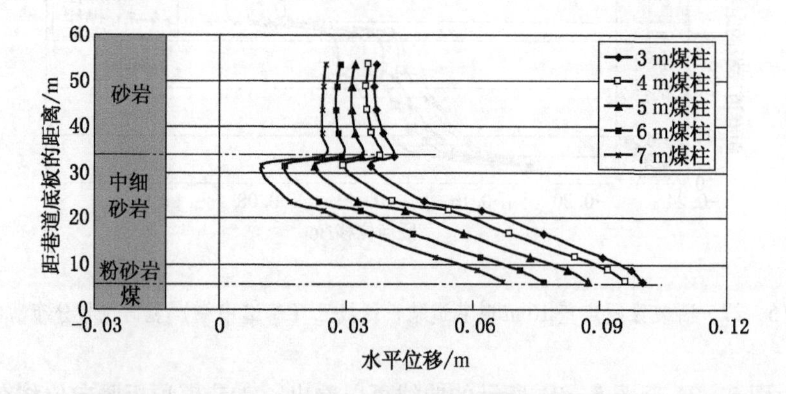

图5-30 断裂线距煤壁16 m时巷道顶板测线三（巷道中线）水平位移分布曲线

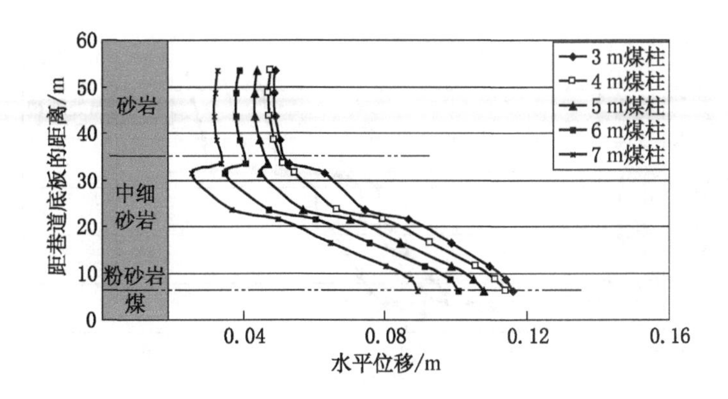

图5－31　断裂线距煤壁20 m时巷道顶板测线三（巷道中线）水平位移分布曲线

33 m之间竖向位移逐渐降低，底板上部33 m处为直接顶与基本顶的分界处，竖向位移明显减小，说明此处出现了离层，33 m之上竖向位移缓慢降低。②随着煤柱宽度增加，巷道越来越靠近断裂线，巷道顶板的垂直应力逐渐减小，因此，顶板的竖向位移逐渐减小。③巷道顶板水平位移在底板之上6 m范围内最大，均朝向采空区侧，且随煤柱宽度的增加，巷道上方水平位移逐渐减小。3 m煤柱的顶板竖向位移和水平位移最大，7 m煤柱时顶板竖向位移和水平位移最小；但是断裂线与煤壁距离为12 m时，7 m煤柱的顶板水平位移朝向实体煤侧。

断裂线与煤壁距离为12 m时，3 m煤柱的顶板竖向位移和水平位移最大；断裂线与煤壁距离为16 m时，3 m煤柱的顶板竖向位移和水平位移最大，7 m煤柱时顶板竖向位移和水平位移最小；断裂线与煤壁距离为20 m时，3 m煤柱的顶板竖向位移最小，水平位移最大。

当煤柱尺寸为4 m时，断裂线与煤壁距离为12 m、16 m、20 m时，巷道掘进后顶板内的水平位移和竖向位移分布曲线如图5－32、图5－33所示。

由图5－32、图5－33可以看出：①当煤柱宽度为4 m时，随着断裂线远离煤壁，巷道顶板的竖直位移由0.157 m增大到0.198 m；②当煤柱宽度为4 m时，随着断裂线远离煤壁，巷道顶板的水平位移由0.067 m增大到0.105 m。

5.3.3　主动支护设计方法

以断裂线距离煤壁16 m、煤柱宽度4 m为例，巷道左帮（实体煤帮）在前面支护的基础上，再布置2根ϕ22 mm长锚索。实体煤帮上部锚索位于顶部

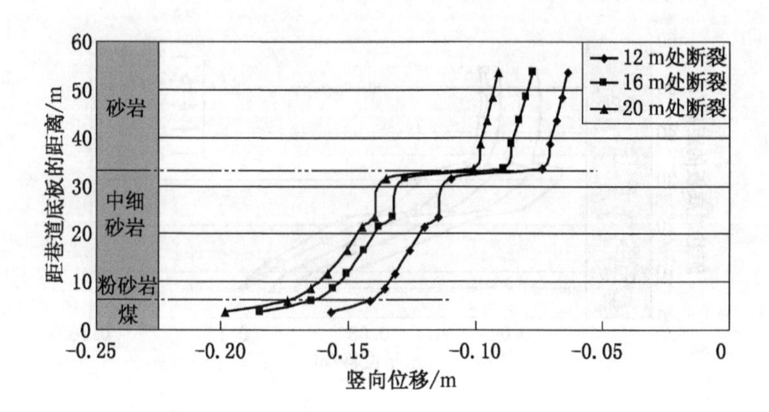

图5-32　不同断裂线位置留4 m煤柱时测线三（巷道中线）竖向位移分布

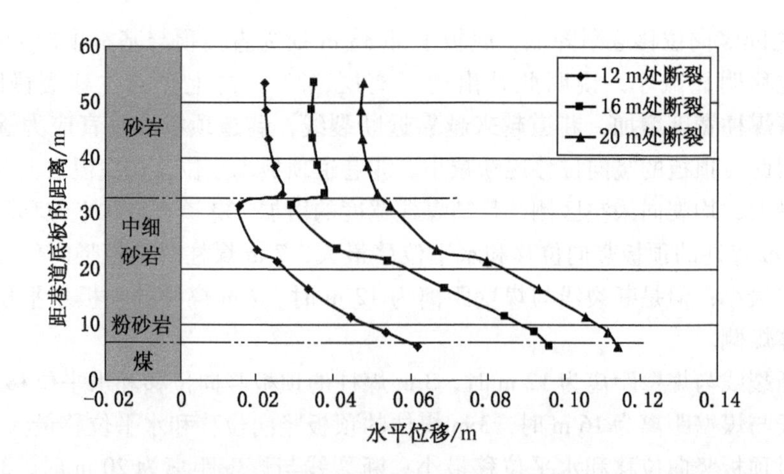

图5-33　不同断裂线位置留4 m煤柱时测线三（巷道中线）水平位移分布

锚杆下方30 cm，按照15°~25°仰角施工；中部锚索位于实体煤帮第三、第四根锚杆中间，这两根锚索均按水平角度施工。实体煤帮长锚索排距为1.6 m。当锚索长度为6 m、8 m、10 m和12 m条件下两帮的水平位移如图5-34所示。

由图5-34两帮水平位移变化可以看出：当锚索长度分别为6 m、8 m、10 m、12 m时，实体煤帮的变形量分别为0.217 m、0.192 m、0.187 m和0.183 m；沿空帮变形量分别为0.179 m、0.168 m、0.165 m、0.164 m。8 m锚索控制巷道变形的效果较明显，说明锚索长度处于断裂线之外能很好地控制实体煤帮的

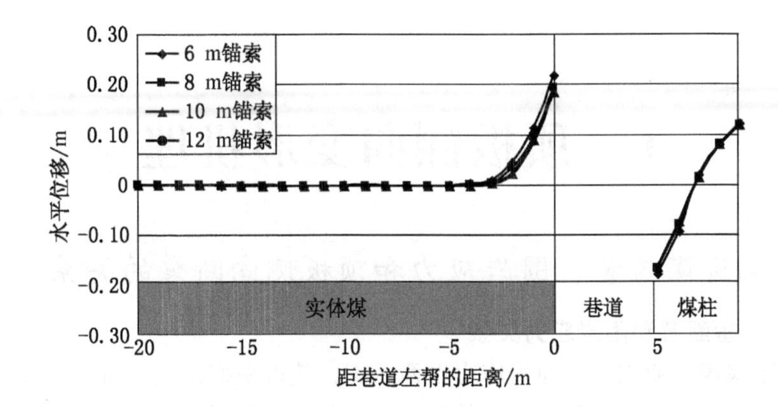

图5-34　实体煤帮不同长度锚索布置时的巷道水平位移分布

变形。当锚索长度继续增加时，实体煤帮变形量减小，但变化幅度非常小。顺槽的宽度为5 m，煤柱宽度为4 m，长度为6 m锚索处于断裂线以内1 m、8 m、10 m、12 m长的锚索分别处于断裂线之外1 m、3 m、5 m。当断裂线与煤壁距离为16 m时，推荐实体煤帮长锚索长度为8.5 m。

6　顶板侧向变形机理

6.1　钻进煤粉量、围岩应力和顶板侧向断裂的关系

6.1.1　顶板断裂和围岩应力关系

井下采煤作业破坏了原岩应力平衡状态，使得采掘该工作面前方和侧向煤体内的应力重新分布，开采引起的顶板破坏和运动会对应力的分布进一步进行调整。首先在煤壁附近形成较高的集中应力，当其大于煤体极限强度后，煤壁附近的煤体进入塑性破坏状态，集中应力向内部转移，直到达到新的应力平衡状态。由此，在煤体内形成了卸压区、应力集中区、原岩应力区三个部分。随着基本顶在实体煤内的断裂和回转下沉，使得煤体内部应力重新分布，断裂线以内形成内应力场，断裂线以外形成外应力场。前面的研究已经证实了综放工作面侧向支承压力同样分为内应力场和外应力场的结论。综放工作面沿空掘巷布置在内应力场中，巷道掘进后，侧向煤体内的支承压力又一次重新分布，如图6－1所示。

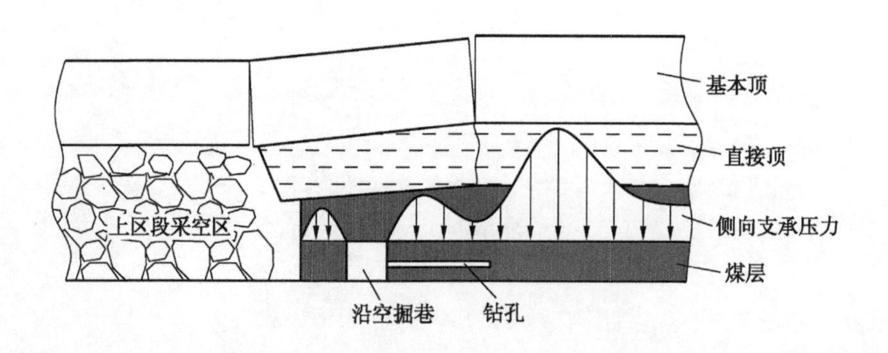

图6－1　综放工作面侧向支承压力和基本顶断裂线的位置

从图6－1中可以看出，综放沿空巷道的实体煤一侧的支承压力以基本顶断裂线为界分为内应力场和外应力场两部分。与应力场相对应的，将煤体分为

四个区。

1. 内应力场破坏区

内应力场中的煤体全部发生了破坏，大量产生的微裂纹形成了宏观裂缝，使得煤体内部次生裂隙较为发育。内应力场中的煤体强度明显减小，力学性质变差，承载能力大大下降。当无支护时，煤壁将发生片帮。该部分煤体主要承受部分基本顶和全部直接顶质量带来的荷载。

2. 外应力场破坏区

在基本顶断裂线之外的外应力场中，在上覆地层的作用下，靠近断裂线的实体煤发生了破坏，煤体强度减小，该部分煤体同样属于破坏区煤层。但是该部分煤层未受基本顶回转下沉的影响，其破坏程度低于内应力场中的煤体。

3. 塑性区

在外应力场中，煤体受力超过弹性极限，进入屈服状态，发生了明显的塑性变形。煤体内部微裂纹发育，并未形成贯通的宏观裂纹。煤体具有较高的强度，承载能力大。

4. 弹性区

煤体承受的应力未超过其弹性极限，煤体变形小，微裂纹不发育。煤体承载能力大、强度高。

6.1.2 钻进煤粉量和围岩应力的关系

采用钻机进行钻眼作业时会产生钻屑，钻屑的多少主要取决于钻进地层的应力、钻进地层的物理力学性质及节理裂隙分布情况、钻机（包括钻头）类型和钻机施工参数。当采用固定的钻机和相同的施工参数时，钻屑量则取决于岩体应力和性质。岩体应力越大、地层强度越低，则钻进时产生的钻屑量就越多。因此，可以通过钻屑量的变化来反推围岩应力的变化，同样可利用钻屑量的变化来反算综放工作面侧向支承压力的大小和变化。钻屑量和围岩应力的定量关系可按照 И. Н. 佩图霍夫的理论进行表示。

煤体钻孔力学模型如图 6-2 所示，设煤层厚度为 M，对于放顶煤工作面，M 即为采高。由于煤粉钻孔直径 d 与采高 M 之比很小，一般为 1 : 50 左右，因此，假设以 M 为直径的圆形边界上受到压力 P 的作用，则可认为钻孔受到均布压力 P 的作用。受此影响，钻孔周围产生一个破碎区（半径为 R）。考虑载荷是均匀分布的，而且钻孔为圆形，因此，钻孔围岩的变形和应力具备平面轴对称特征。任意一点（半径为 r）的应力状态可以通过该点的径向应力 σ_r 和 σ_θ 切向应力来表示。

分情况探讨钻孔在综放沿空巷道实体煤中的钻进规律。

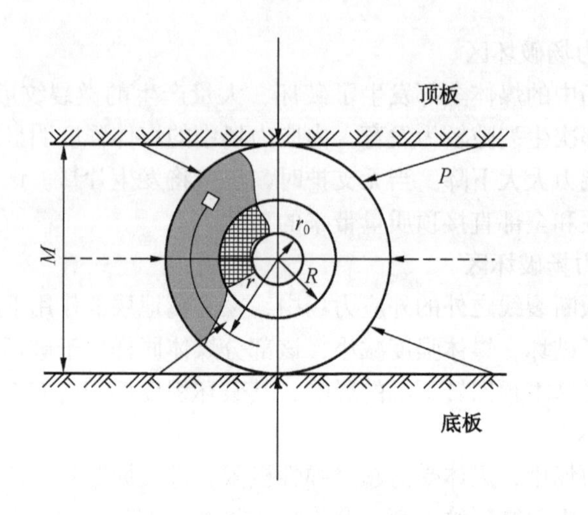

图6-2　煤体钻孔力学模型

（1）钻孔位于内应力场中，认为整个钻孔周围均为破碎区，岩体强度为残余强度，受基本顶回转运动影响，该区域承受的压力较大。

（2）钻孔在外应力场破碎区（塑性软化区Ⅱ）中，钻孔围岩强度为残余强度，承受的压力低于原岩应力，总体上低于内应力场。

（3）钻孔在应力集中区时，围岩内部微裂纹较为发育，但未贯通，围岩承受较高的应力。

（4）钻孔在原岩应力区时，围岩处于弹性状态。

根据分析模型可知，钻孔从内应力场到外应力场，从破碎区到应力集中区，从应力集中区到原岩应力区，在理论上均存在应力变化的三个转折点，在实际钻进过程中，也存在三个应力的梯度变化。因此，把握四个区域的整体性和转折点处的钻进煤粉量大小，可更确切的反映应力的变化情况，从而更好地掌握灾害发生的前兆信息。

6.1.3　钻进煤粉量和基本顶断裂位置的关系

根据综放工作面沿空掘巷时采场侧向支承压力分布规律和基本顶断裂位置的关系，同时考虑侧向支承压力和钻进煤粉量的关系，可以得到基本顶断裂位置和钻进煤粉量的关系。

根据分析模型可知，钻机钻孔时依次经历：内应力场应力升高→内应力场峰值→内应力场应力降低→外应力场应力升高→外应力场应力峰值→外应力场应力降低→原岩应力多个阶段。

在内应力场中，煤体处于已经破坏状态，靠残余强度起作用。在外应力场中，在未到应力峰值时的应力升高阶段为塑性阶段，峰值之后为弹性阶段。因此，当钻孔从内应力场到外应力场时，围岩完整性变好且应力增加，钻进煤粉量将发生明显的增大，由此可判断基本顶断裂线的位置。

在基本顶断裂线下方的实体煤中存在一个应力由降低到升高的转折点，相应的，钻进煤粉量经过该处时也会存在由降低到升高的变化。由此，可以根据钻进煤粉量的变化来判断基本顶断裂线的位置。

6.2　顶板侧向断裂位置的钻进煤粉量确定方法

6.2.1　钻屑法简介及实施步骤

钻屑法（煤粉钻孔法）是通过在煤层中打小直径（41～50 mm）钻孔，根据排出的煤粉量及其变化规律以及有关动力效应鉴别冲击危险的一种方法。

1. 冲击危险指标

（1）检测指标由煤粉量、深度和动力效应组成。煤粉量是每米钻孔长度所排出的煤粉的质量，单位为 kg。深度是从煤壁至所测煤粉量位置的钻孔长度，可折算成钻孔地点实际采高的倍数。动力效应是钻孔产生的卡钻、孔内冲击、煤粉粒度变化等现象。

（2）用钻粉率指数方法判别工作地点冲击地压危险性的指标，可参照表6－1 的规定执行。在表6－1 中所列的钻孔深度内，实际钻粉率达到相应的指标或出现钻杆卡死现象，可判断出所测工作地点有冲击地压危险。

表6－1　判别工作地点冲击地压危险性的钻粉率指数

钻孔深度或煤层厚度/m	1.5	1.5～3	>3
钻粉率指数	>1.5	2～3	≥4

注：钻粉率指数 $=\dfrac{\text{每米实际钻粉量（kg）}}{\text{每米正常钻粉量（kg）}}$。

正常钻粉量是在支承压力影响范围以外测得的煤粉量。测定煤层正常钻粉量时，钻孔数不应少于5 孔，并取各孔煤粉量的平均值。

（3）冲击危险指标由矿井冲击地压防治组负责，以井田为单位按煤层分别测定。确定冲击危险指标应通过科学试验，现场实测验证并报矿务局批准。没有确定冲击危险指标前，由矿井冲击地压防治组负责根据实际经验，参考表

6－1规定临时的冲击危险指标。

（4）冲击危险的评定工作由专人负责，评定结果由评定人通知有关部门。

2. 施工方法

（1）钻孔时，应采用专用钻架和钻杆导向装置，保证钻孔直径和方向。

（2）钻孔应尽量布置在采高中部，平行于层面，垂直于煤壁。

（3）确定冲击危险最大的检测深度一般为3.5倍采高。在此范围内，如已确定冲击危险，可停止探测。

（4）钻孔地点、孔距以及检测时间按施工目的确定。

预测冲击危险的钻孔应在保证安全的情况下布置在根据推测最可能发生冲击地压的地点。建议按表6－2确定孔距和检测间隔时间。

表6－2　建议的煤粉钻孔检测参数

测区类型	重点监测范围	孔距/m	检测间隔时间
回采工作面及平行于工作面的巷道帮	全长范围	10～15	1～3个工作循环
回采顺槽及垂直于工作面的巷道两帮	回采工作面前方60 m以内	10～30	1～3个工作循环

孔距与间隔时间按所测地区预先评定的冲击危险等级和地质条件适当调整。对严重冲击危险区，可取表中推荐的下限值；对中等冲击危险区，可取表中推荐的上限值。在地质构造变化带，按实际需要适当减小孔距、缩短检测间隔时间。

（5）检测工作应由专业人员进行。

（6）检测时应记录钻孔时间、地点、深度、每米钻孔的排粉量、施工中的动力效应以及钻孔地点的生产地质条件，并绘制钻孔位置示意图。

（7）升井后，施工人员应立即填写钻屑法检测结果记录表。记录表要有专人负责存档备查。

6.2.2　钻屑法确定钻进煤粉量

根据上述钻屑法预报基本顶断裂位置的原理，发明了“一种深部沿空顺槽实体煤侧巷帮锚索支护长度的确定方法”。通过钻进煤粉量沿着钻孔深度的变化获得应力当量分布形态和顶板超前断裂位置，由此来确定实体煤侧帮锚索锚固长度，以达到对沿空巷道实体煤侧锚索有效加固，保障巷道稳定性。

该方法的实施步骤为：

(1) 在沿空巷道内实体煤侧，沿着帮的中部，用装有直径 40 mm 钻头的钻机，垂直煤壁钻一个 10 ~ 15 m 深的孔，如图 6 – 3 所示。

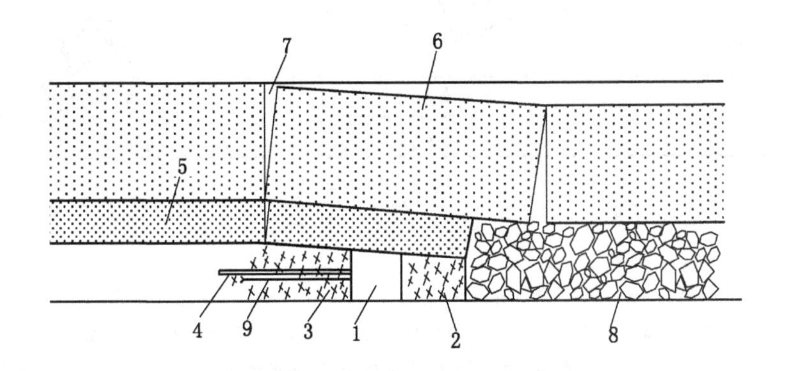

1—沿空巷道；2—护巷煤柱；3—实体煤侧帮；4—测煤粉量钻孔；
5—直接顶；6—基本顶；7—断裂缝；8—冒落矸石；9—锚索

图 6 – 3 顶板断裂结构示意图

(2) 在钻孔的过程中，每钻进 1 m，便记录一次钻出的煤粉量（单位：g，可用电子秤即时称量），直至钻至规定的深度为止。

(3) 根据不同深度处排出的煤粉量，获得煤粉量与深度之间关系曲线，又根据钻粉量与应力之间的一致对应关系，可以当量绘制出应力分布形态，如图 6 – 4 所示。

(4) 对于沿空巷道而言，在宽度一般为 3 ~ 4 m 小煤柱外侧，直接顶冒落形成破碎矸石，而上部基本顶形成断裂结构，其中端部断裂将在煤体内产生。根据顶板运动与压力分布之间关系，顶板在断裂前产生应力集中，一旦断裂，在该区域应力下降，形成低应力区，应力高峰向深部转移（图 6 – 4），且应力高峰位置以内的区域为煤体塑性破坏区。由此可以根据煤粉量降低区所处的位置确定基本顶超前断裂位置；钻粉量最多的区域为应力高峰位置。

(5) 获得顶板超前断裂距离 L_1（图 6 – 4），锚索加固长度至少应超过断裂线 1.5 m，则锚索的锚固长度为 $L_2 = L_1 + 1.5$ m，考虑锚索外露段长度 0.3 m，从而可以获得整个锚索长度为 $L_1 + 1.8$ m。

基于钻进煤粉量确定深部沿空顺槽实体煤侧巷帮锚索支护长度的方法具有以下优点：

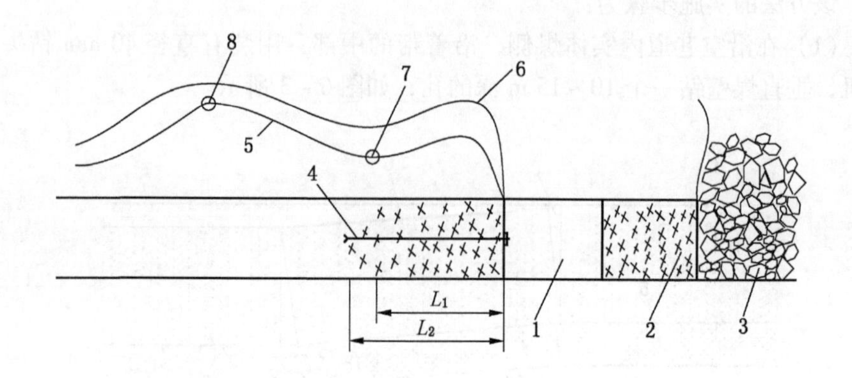

1—沿空巷道；2—护巷煤柱；3—冒落矸石；4—锚索；5—钻粉量分布曲线；
6—当量应力分布曲线；7—顶板超前断裂位置；8—超前应力高峰位置

图 6－4　钻进煤粉量监测分布示意

（1）本方法通过监测顶板超前断裂位置确定锚索长度，突破传统锚索加固设计中凭经验确定长度的瓶颈，实现了沿空巷道实体煤侧帮锚索长度的定量确定方法。

（2）本方法所使用的钻测设备均为常见，工作便于施工和操作，有利普及。

（3）可以获取钻孔不同深度应力当量分布形态，为科学确定出顶板超前断裂位置和应力高峰位置，反演顶板断裂结构提供了有效途径。

（4）应用范围广，对在采矿和各类岩体工程锚索加固长度确定均具有直接应用价值。

7　沿空掘巷实体煤帮支护对策

7.1　基于断裂线位置的巷帮加固对策

浅部资源不断减少，煤炭开采逐渐向深部发展。深部综放沿空顺槽一般沿着底板掘进，巷道上方的顶板依次是顶煤、直接顶和基本顶等。在深部综放开采时，受到产量、顺槽内的设备、通风与安全以及巷道维护等方面的限制，多选择大断面沿空顺槽，其宽度可达 5 m，高度可达 4 m，掘进断面积可达 20 m^2。由于巷道尺寸大、围岩软（除底板外为煤层）、埋深大，而且受到较强的综放开采影响，使得综放大断面沿空顺槽具有显著大变形的特征，特别是这种大变形特征具有不可抗拒性。现有的锚杆、金属网钢带及顶板锚索支护方式对巷道围岩变形起到了一定的减缓和控制作用，但不能明显减小这种变形。因此，需要研究深部综放大断面沿空顺槽的围岩变形控制技术。

根据现场观测发现，深部综放大断面沿空顺槽的变形具有以下特征：

（1）巷道变形量大，两帮移近量可达 3.5 m，顶底板移近量可达 1.5 m。

（2）巷道两帮的位移明显大于顶底板的位移，两帮鼓出严重，特别是实体煤帮明显挤入巷道中，而巷道底板鼓起量较小。

（3）受到综放开采的影响，巷道变形时间长，具有明显的流变特征。

由上面分析可知，沿空大断面顺槽围岩变形控制的关键是两帮位移，特别是实体煤帮的位移控制。

根据数值模拟研究结果，沿空顺槽实体煤帮破坏范围大，依靠控制范围较小的锚杆和短锚索支护，加固效果差。因此，提出高强度、大直径、长锚索结合锚网的联合加固实体煤帮的技术。

7.1.1　巷道帮部锚杆支护控制原理

目前的锚杆支护理论多是针对顶板岩层提出的，已有的针对巷道帮部的锚杆支护理论也仅仅适用于锚杆，这些理论不能很好地指导帮部的长锚索加固设计，因此，研究帮部长锚索的加固原理很有必要。以此为基础，研究长锚索结合锚网的联合加固机理。

帮部长锚索加固的目的是有效控制综放大断面沿空顺槽实体煤帮的大变

形，而不是完全阻止帮部变形。帮部的变形包括巷道表面附近的松动变形和较远处的膨胀压力变形。

帮部锚网支护的作用原理是：通过锚杆的挤压加固，约束松动区煤体变形，防治松动区煤壁失稳、片帮。同时，由锚杆、网以及松动区煤体组成一个挤压加固墙，改变了松动区煤体的力学性质，提高了煤体的强度，从而一方面抵抗远处的水平压力，另一方面支撑巷道的顶板。

帮部长锚索的作用原理是：将长锚索的一段固定在外应力场中的较完整煤体中，通过预紧力或托盘，约束塑性区内煤体的水平变形，减轻塑性区煤体水平压力对巷帮附近锚杆加固体的作用，使得巷道附近的实体煤与远处的煤体挤压在一起，形成一个整体。

帮部长锚索结合锚网带联合支护的作用原理是：浅部通过锚杆群和菱形网形成点面结合的支护体系，形成挤压加固墙，深部利用高强度、大直径长锚索形成外部承载墙，二者联合形成深、浅结合的具有高强度的大厚度柔性承载结构，沿空掘巷实体煤帮锚杆、锚索加固如图 7－1 所示。

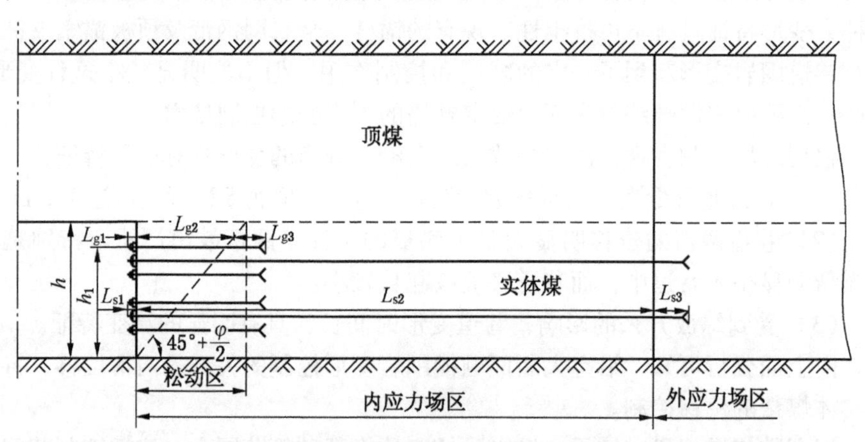

图 7－1　沿空掘巷实体煤帮锚杆、锚索加固示意

7.1.2　巷道帮部锚杆支护控制设计

1. 帮锚杆

大断面沿空顺槽实体煤帮的松动范围较大，因此，应该选择直径较大、预紧力和锚固力较高、强度也较高的锚杆。在施工时应及时安装并施加预紧力，以防止煤体的松动，提高支护效果。

由实体煤帮的控制原理可知，帮锚杆的作用是抑制松动区的变形，减轻两帮煤体松动与挤出。同时，加固松动区煤体。因此，帮锚杆的长度 L_g 应大于

松动区的宽度，计算公式为

$$L_g \geqslant L_{g1} + h_1 \mathrm{tg}\left(45° - \frac{\varphi}{2}\right) + L_{g3} \tag{7-1}$$

式中 L_{g1}——锚杆外露长度，m；

h_1——护帮高度，m；

φ——煤层内摩擦角，(°)；

L_{g3}——锚杆通过松动区以外的最小锚固长度，取 $L_{g3}=0.35$ m。

2. 帮部长锚索

帮部长锚索是深部综放大断面沿空顺槽控制的关键器材之一，通过它可以控制实体煤帮的水平位移量，防止实体煤帮失稳。因此，选择直径大、锚固力较高、强度也较高的长锚索。

根据帮锚索的加固原理，其长度应该大于内应力场的宽度，深入到外应力场之中。由此，帮锚索长度 L_s 计算公式为

$$L_s \geqslant L_{s1} + L_{s2} + L_{s3} \tag{7-2}$$

式中 L_{s1}——锚索外露长度，一般取 0.3 m；

L_{s2}——内应力场的宽度，m；

L_{s3}——锚索通过内应力场以外的最小锚固长度，至少大于 1.5 m。

3. 金属网

在实体煤帮，锚杆与锚杆之间的煤体易发生局部脱落，从而降低锚杆、锚索的支护能力。因此，在大断面回采巷道的实体煤帮采用挂网加强支护。通过金属网协调锚杆间、锚索间的受力，增加煤帮的整体性，加强对煤体控制，防止煤帮局部失稳和大范围失稳。

7.1.3 巷道帮部锚杆支护控制对策

由于深部综放大断面沿空顺槽实体煤帮塑性区范围大，变形量大，在实体煤帮控制方面可采取以下措施进行加固：

(1) 帮部长锚索要有足够的长度，保证锚固端深入到外应力场中，同时要求帮锚索锚固强度高、破断强度高，而且具有较强的让压性能。

(2) 帮部锚杆的长度应该大于实体煤帮松动区的宽度，而且要增大锚杆的预紧力，锚杆选用较高强度全螺纹钢锚杆。

(3) 采用顶角、底角锚杆，加强顶角、底角支护，顶底角锚杆和水平方向的夹角在 15°~25°。

(4) 采用长锚索、锚杆、金属网联合支护，长短结合、点面结合控制实体煤帮变形，施工严格按照设计的支护参数进行。

（5）加强巷道矿压观测，当实体煤帮趋于不稳定时，补打锚索(杆)；个别地段松动区范围较大时，进行注浆加固；巷道不能满足生产要求时，进行刷帮处理。

（6）过断层、破碎带及陷落柱时，应缩小锚杆、锚索间排距；煤体破碎严重时，可以采区注浆处理。

7.2 现场应用实例

7.2.1 试验现场基本情况

现场试验场地选在兖矿集团东滩煤矿1306轨道顺槽，该顺槽位于－660 m水平，南邻1305综放工作面采空区。1306轨道顺槽在3煤中沿底板掘进，采用综掘工艺。3煤平均煤厚8.80 m，$f=2\sim3$，煤层稳定。3煤直接底为厚度1.00～2.65 m的粉砂岩，$f=4\sim6$；直接顶为厚度0～11.64 m的粉砂岩，$f=4\sim5$；3煤基本顶为厚度14.35～23.34 m的中、细砂岩，$f=5\sim7$。

7.2.2 现场试验方案设计

在东滩煤矿1306轨道顺槽的实体煤帮钻孔进行钻进煤粉量测试。试验采用德国哈泽玛格公司生产的FIV型手持式气动钻机、插销式连接麻花钻杆及ϕ42 mm的钻头进行钻眼，钻杆每节长1 m，钻孔的深度为10 m。

钻孔距底板1.2 m左右，要求避开夹矸，钻孔方向与煤层倾角平行，要求匀速钻进，由技术熟练的工人操作，每钻进1 m测一次钻进煤粉量。用胶织袋或塑料布收集钻出的煤粉，用高精度弹簧秤称量煤粉的质量，每钻进1 m称量1次钻进煤粉量。用专用表格记录打眼地点、时间、钻屑排出量，以及打眼过程中出现的钻杆跳动、卡钻、劈裂声等现象。

现场测试共布置6个试验钻孔，钻孔间距一般在10 m以上，钻孔布置如图7－2所示。

7.2.3 钻孔煤粉测量结果及分析

在东滩煤矿1306轨道顺槽进行了巷道实体煤侧钻孔煤粉量测试，将各个测试钻孔的煤粉量和钻孔深度的关系绘制成曲线，如图7－3至图7－8所示。

分析上述曲线图，可以得到：

（1）随着钻孔深度的增加，钻进煤粉量发生了波动变化，钻进煤粉量变化在1.7～2.5 kg/m^{3}之间变化；在靠近煤帮1～2 m处钻进煤粉量小，为1.7～2.0 kg/m^3；在距眼口5～8 m处钻进煤粉量也较小，为1.8～2.2 kg/m^3；在钻孔中部位置（距眼口3～6 m）处的钻进煤粉量较大，为1.9～2.4 kg/m^3；一些钻孔在眼底处（距眼口10 m）钻进煤粉量也较大，为1.9～2.5 kg/m^3。

（2）钻孔内钻进煤粉量的变化与巷道实体煤侧的应力分布密切相关，两

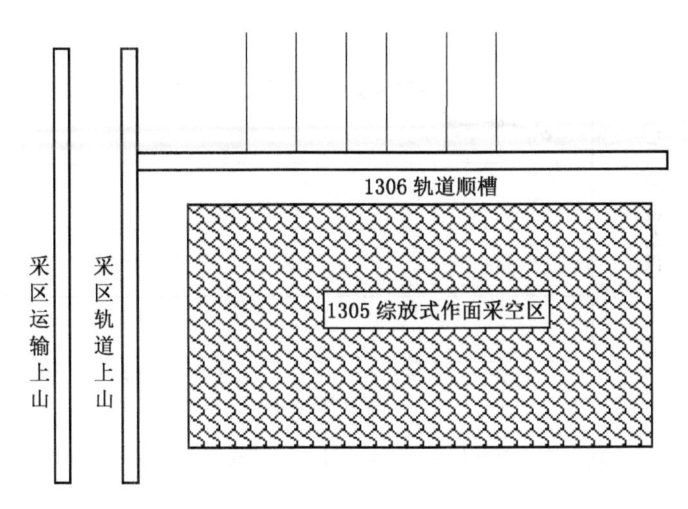

图7－2　钻进煤粉量测试钻孔布置示意

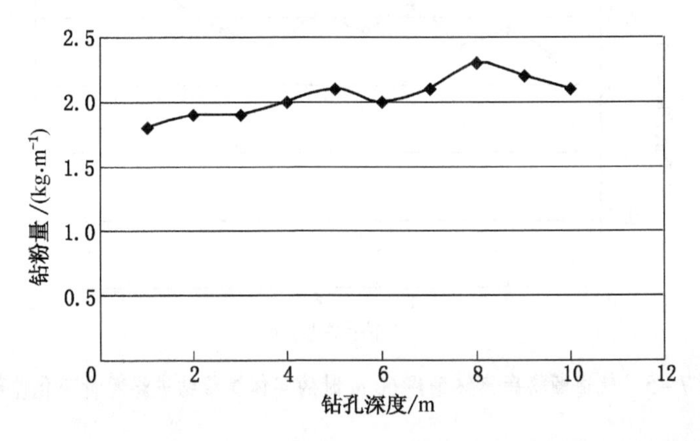

图7－3　轨道顺槽距离终采线 38 m 时的实体煤帮钻进煤粉量变化曲线

处钻进煤粉量较小的区域为内应力场的采空侧区域和内外应力场分界处；两处钻进煤粉量较大的区域为内应力场中部和外应力场的应力升高区。

（3）对钻进煤粉量和围岩应力及顶板断裂的关系进行分析后发现：在距离巷道实体煤帮 5～8 m 范围内，具有一个明显的钻进煤粉量降低值，该区域为内外应力场分界处。可以判断，基本顶断裂线就在该区域的正上方，即距离巷道实体煤帮的水平距离平均为 6.5 m。

7.2.4　现场实体煤帮加固设计

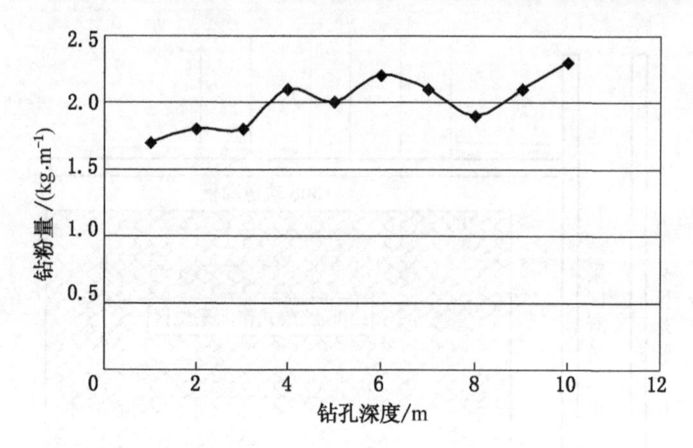

图 7-4　轨道顺槽距离终采线 48 m 时的实体煤帮钻进煤粉量变化曲线

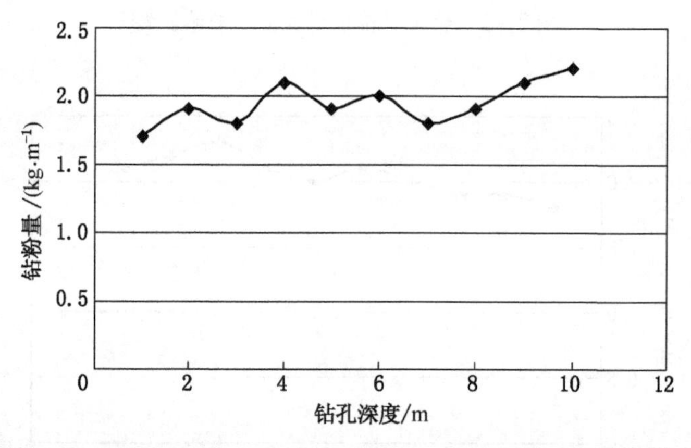

图 7-5　轨道顺槽距离终采线 60 m 时的实体煤帮钻进煤粉量变化曲线

1. 帮锚杆

根据帮锚杆的长度计算式（7-1），锚杆外露端长度为 0.10 m，锚固端长度为 0.30 m，护巷高度为 3.2 m，煤层内摩擦角为 35°，帮锚杆的长度为 2.0 m。

根据东滩煤矿 1306 轨道顺槽的基本条件，在实体煤帮布置 5 根 ϕ20 mm×2000 mm 的全螺纹钢锚杆，锚杆体强度为 KMG400，每根锚杆用两支 CK2550 树脂锚固剂，使用一块规格为 150 mm×150 mm×10 mm 的弧形铁托盘。钢带向下不大于 200 mm 为第一根锚杆，两帮第一根锚杆与水平成 15°~25°仰角打注，第二根至第四根锚杆垂直煤壁打注，锚杆上下间距 800 mm，第五根锚杆斜向下与水平成 15°~20°俯角打注，距底板不超过 500 mm，保证锚杆托盘压紧金属网。

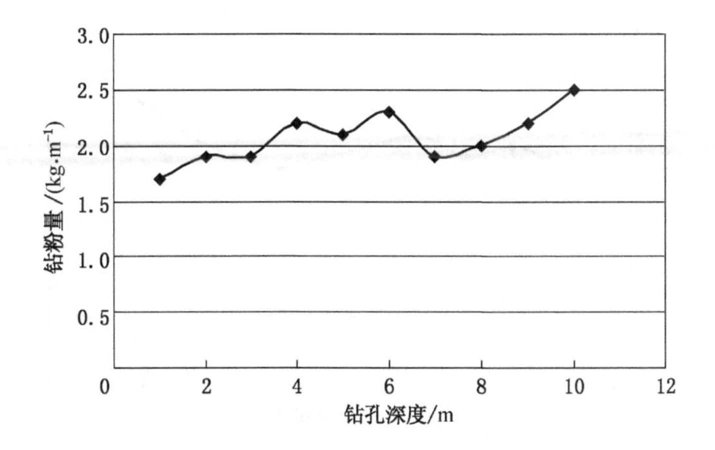

图 7-6 轨道顺槽距离终采线 69 m 时的实体煤帮钻进煤粉量变化曲线

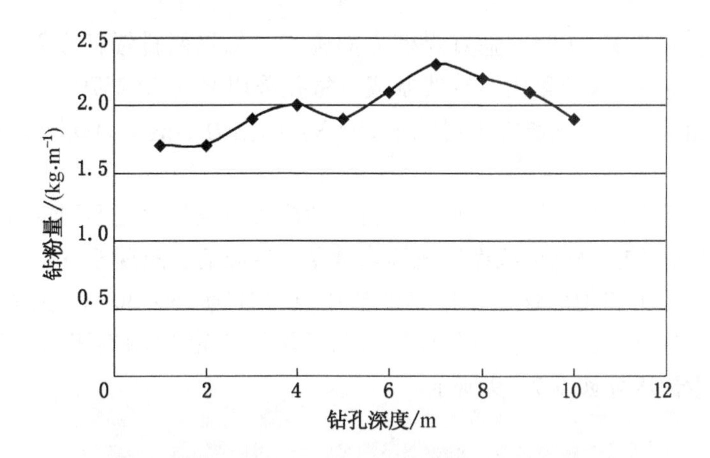

图 7-7 轨道顺槽距离终采线 84 m 时的实体煤帮钻进煤粉量变化曲线

2. 帮部长锚索

根据帮锚索的加固原理，其长度应该大于内应力场的宽度，深入到外应力场之中，帮锚索长度 L_s 计算公式为 $L_s \geq L_{s1} + L_{s2} + L_{s3}$。锚索外露长度 L_{s1} 取 0.3 m；内应力场的宽度 L_{s2} 取 6.5 m；锚索超过内应力场的最小锚固长度 L_{s3} 取 1.5 m。由此，求得帮锚索长度等于 8.3 m，取 8.5 m。

在实体煤帮一侧布置 2 根 ϕ22 mm × 8.5 m 的长锚索。实体煤帮上部锚索位于顶部锚杆下方 50 cm，按照 15°~25°仰角施工；中部锚索位于实体煤帮第

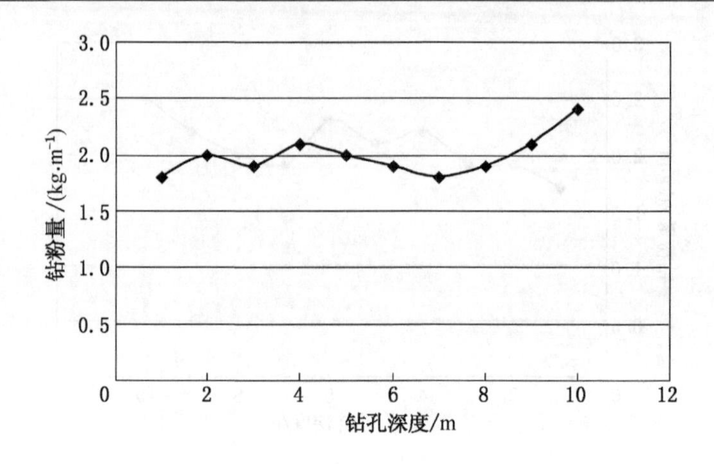

图7-8 轨道顺槽距离终采线105 m时的实体煤帮钻进煤粉量变化曲线

三根锚杆下方0.35 m处，垂直煤壁方向施工。每隔两排锚杆布置一根锚索，即排距为1.6 m。长锚索由钢绞线制成，每孔采用两支CK2570、一支CK2550树脂药卷加长锚固，预紧力不得低于80 kN，锚固力不低于200 kN，以保证锚固效果。

为了尽量保证每根锚索都均匀受力，适应实体煤帮大变形的特点，同时防止锚索和锚杆不能协调承载而造成锚索承受过度载荷破断现象发生，锚索必须有控制变形让压和均压性能。锚索的让压点设计为26~30 t。通过使用让压环，可以有效解决锚杆和锚索的变形协调问题，消除锚索破断现象，减少安全隐患。锚索让压环如图7-9所示。

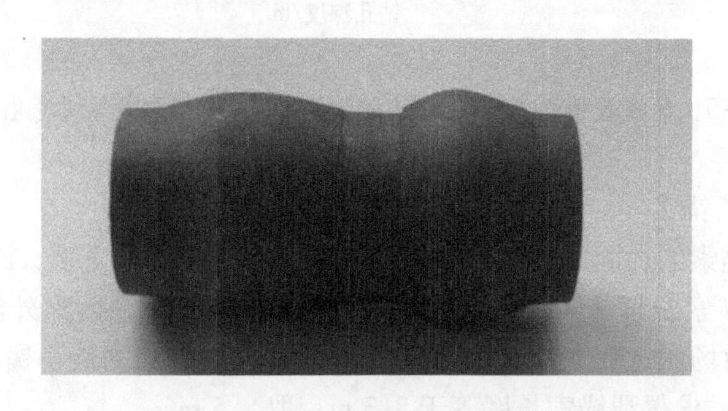

图7-9 锚索使用的让压环

3. 金属网

巷道实体煤帮挂设金属菱形网，帮部两肩窝至夹矸下平面以下 300 mm 范围敷设双层金属网。金属网为 8 号镀锌铁丝制作，网格为 50 mm × 50 mm（长 × 宽），相邻两片网之间要用 12 号双股铁丝连接。网间搭接 50 ~ 100 mm，连网扣布置在菱形网的锁边向里的第一个十字绞点上，每隔一个十字绞点联一扣，拧扣不少于三圈。

最终设计的实体煤帮支护参数见表 7 – 1，支护断面如图 7 – 10 所示。

表 7 – 1　1306 轨道顺槽实体煤帮支护材料参数

名　　称	规　　格	间距	排距
实体煤帮锚索	钢绞线；ϕ22 mm × 8500 mm	1.5 m	1.6 m
帮锚杆	全螺纹钢锚杆；ϕ20 mm × 2000 mm	0.8 m	0.8 m
帮部金属网	8 号铁丝；网格长 × 宽：50 mm × 50 mm		
支护方式	锚网与长锚索联合支护		

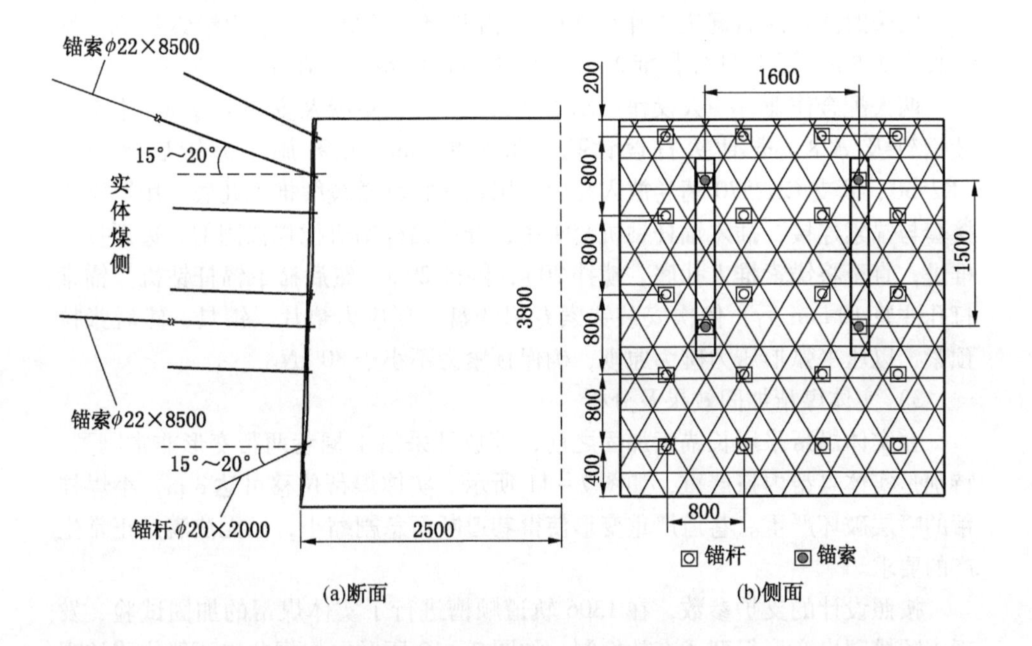

图 7 – 10　实体煤帮支护（单位：mm）

7.2.5 实体煤帮支护现场应用效果

根据实体煤帮的支护设计，在东滩煤矿 1306 轨道顺槽进行了现场试验，施工工艺为钻锚杆眼、安装顶帮锚杆、挂金属网、安装中部和下部锚杆、钻锚索眼、安装锚索。主要施工工艺如下：

1）实体煤帮锚杆施工

两人或多人配合作业，一人操作风煤钻，一人负责使用 B19 mm 中空六棱钢钎及 ϕ28 mm 钻头打设钻孔。施工帮部 ϕ20 mm × 2000 mm 锚杆时孔深 1.9 m,施工帮部最下部超高锚杆及压网锚杆时孔深 0.9 m。

打实体煤帮上部第一根、第二根锚杆的锚杆孔，清孔完毕后，将锚固剂装入孔中，用锚杆将锚固剂推入孔底。锚杆外端通过螺帽、连接套与钻机连接。开动钻机搅拌锚固剂，边搅拌边推进，直至将锚杆推入孔底，搅拌 20 s，托盘紧贴煤壁；停机 20 s 后，用风动扳手紧固锚杆螺帽，直至达到规定预紧力。

安设实体煤帮下部锚杆。截割出煤后安设实体煤两帮下部锚杆，方法同上部锚杆。顶部、帮部锚杆安设完毕后进入下一循环。

2）实体煤帮长锚索施工

实施时间：滞后掘进工作面 50 m，由巷修工区施工。采用锚索钻机，钻杆长度 2.5 m，接长钻杆长度 2 m，钻 ϕ30 mm 的钻孔，孔深为 8.5 m。

两人配合作业，一人操作风动锚杆钻机，一人更换及安装 B19 mm 中空六棱钢钎及 ϕ28 mm 钻头打设钻孔，孔深 8.3 m。钻孔施工完毕后将一支 CK2550、两支 CK2570 药卷放入孔中，用锚索将药卷缓缓推入孔底。用锚索连接套与锚索连接，插入锚杆钻机套头中，开动锚杆钻机搅拌锚固剂，边搅拌边推进，直至将锚索推入孔底，搅拌 20 s，停机 20 s，然后撤下锚杆钻机。锚索打孔注浆 10 min 后，依次安装锚索专用托盘、预应力垫片、锁具，然后张拉预紧，以压平弧形压力碗为原则，确保预紧力不小于 80 kN。

3）实体煤帮加固效果及分析

在实体煤帮采用长锚索加固之前，综放开采沿空掘巷两帮变形非常剧烈，特别是实体煤帮内挤严重，如图 7-11 所示。实体煤帮位移可达 3 m，小煤柱帮的喷层破坏严重。巷道严重变形使得巷道断面急剧缩小，已无法满足正常生产的要求。

按照设计的支护参数，在 1306 轨道顺槽进行了实体煤帮的加固试验，发现该顺槽围岩变形得到了有效控制，如图 7-12 所示。根据巷道两帮位移的观测，得到了两帮水平位移和工作面距离之间的关系曲线，如图 7-13 所示。从

图 7-11　实体煤帮长锚索加固之前的巷道

图 7-12　实体煤帮长锚索加固后的巷道（掘进期间）

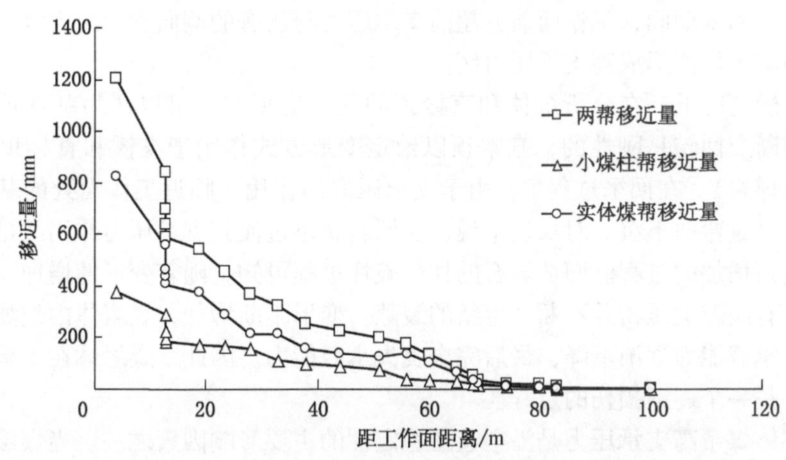

图 7-13　1306 轨道顺槽回采期间的两帮移近量

图中可以看出，实体煤帮水平位移控制在0.9 m以内，巷道断面两帮移近量控制在1.3 m以内，同时保证了巷道在使用期间的稳定性，满足了综放开采的要求。

7.3 沿空掘巷实体煤帮应力分布与围岩损伤关系分析

实体煤帮的高支承压力是影响沿空掘巷稳定性的主要原因之一。在分析了沿空掘巷应力环境的基础上，应用损伤理论分析了给定变形下沿空掘巷实体煤帮的支承压力分布，并探讨了支承压力分布与煤岩厚度、弹性模量等参数的关系，对沿空巷道的维护与底鼓机理及控制的研究具有重要意义。

沿空掘巷的力学环境与一般回采巷道不同。在回采过程中，其实体煤帮承受着由本工作面的超前支承压力和相邻的已采工作面的侧向支承压力叠加而成的高支承压力的作用。在高支承压力的影响下，沿空掘巷维护困难，比一般回采巷道更容易产生底鼓。这类巷道的维护及底鼓控制已成为影响工作面正常生产的主要因素之一。因此，深入研究实体煤帮的支承压力分布，从而揭示上覆岩层性质与围岩变形及底鼓的关系，对沿空掘巷的稳定性及其底鼓机理和控制的研究具有重要的理论意义和实用价值。

根据关键层理论和采空侧上覆岩层活动规律可知，上区段工作面推进过后，关键顶板在下区段煤体内断裂形成侧向砌体梁结构，即所谓“大结构”。与此同时，侧向支承压力向下区段深部煤体转移，大结构下部煤岩处于应力降低区，巷道即布置在此应力降低区内，如图7－14、图7－15所示。巷道掘进后，一帮为已进入塑性状态的窄煤柱，另一帮为承受侧向支承压力的实煤体。本工作面回采期间，工作面前方超前支承压力与已有的侧向支承压力叠加，在巷道的实体煤侧形成高支承压力区。

一般情况下，在分析煤体和直接顶的受力变形时，可以认为基本顶的下沉、破断及回转是刚性的，基本顶以给定变形方式作用于煤体和直接顶（以后简称煤岩）。在回采过程中，由于支承压力的作用，临近工作面处的基本顶会产生严重弯曲下沉。对煤岩来说，从原岩状态过渡到支承压力作用区是一个变形逐渐增加的过程。而从岩石的加载破坏过程可知，随着变形的增加，煤岩体内原有裂隙被压密并不断产生新的裂隙。变形不断增加，煤岩体内裂隙不断扩展，承载能力逐渐下降，最后完全丧失承载能力。因此，煤岩体在支承压力作用下是一个逐渐损伤的过程。

实体煤帮高支承压力是沿空巷道稳定性的主要影响因素之一。当煤层和直接顶强度较大时，支承压力相对较高，影响范围较大，巷道维护较困难，底鼓容易发生；反之，当煤层和直接顶强度较小时，支承压力较低，巷道维护相对较好并不易产生底鼓。

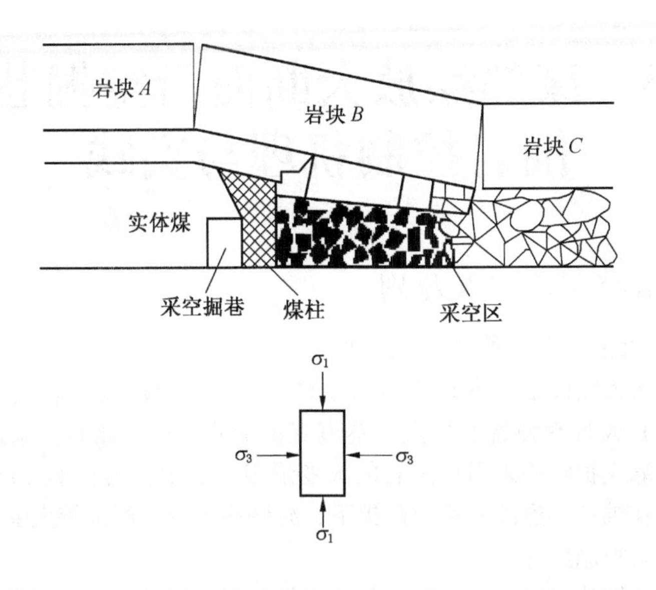

图7-14 给定变形下沿空掘巷的力学模型

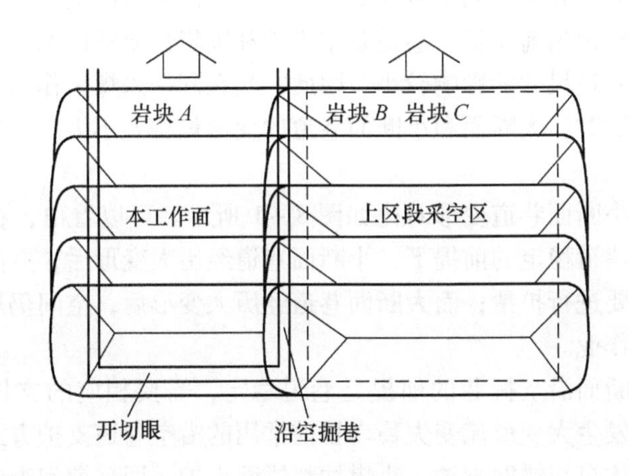

图7-15 回采时综放沿空掘巷与上覆岩层的平面关系

8 深部综放大断面沿空掘巷围岩控制机理与实践

8.1 围岩控制原理及原则

8.1.1 大断面沿空掘巷围岩控制原理

深部综放大断面沿空巷道围岩松动区、塑性区范围大，巷道变形（特别是两帮变形）大且有强流变特点，巷道支护十分困难。此时，采用小断面掘进、单纯依靠支护结构来阻止围岩的大变形很难实现，而且不经济、不科学。因此，提出在维持巷道围岩稳定前提下，允许巷道围岩产生较大变形的大断面掘进巷道围岩控制原理。

对于深部综放沿空巷道而言，其变形量包括掘进时变形、掘进后变形和回采时变形三部分，其中，回采时变形占大部分。回采时的沿空巷道变形主要受支承压力、工作面超前支护、巷道基本支护和围岩性质的影响，而在一定范围内断面大小对巷道尺寸的影响较小。因此，当在同一采煤工作面、采用相同的支护方式和参数时，大断面和小断面巷道的变形量相差不大，大断面的变形量略大于小断面。

大断面和小断面巷道变形对比如图 8－1 所示。可以看出，在采用合理的支护结构保证巷道稳定的前提下，小断面巷道经历大变形后，空间狭小，严重阻碍生产，需要进行扩帮；而大断面巷道经历大变形后，空间仍然较大，能够进行正常生产作业。

因此，大断面沿空掘巷的前提是巷道稳定，需要相应的支护技术与之匹配，否则可能发生大变形流变失稳。目前常用的沿空巷道支护方式为顶板锚网索带支护、实体煤帮锚网支护、小煤柱帮锚网支护。回采期间沿空巷道采用单体支柱和十字铰接顶梁超前支护方式，这种方式在东滩煤矿深部综放小断面沿空掘巷时无法有效控制巷道大流变（主要是塑性扩容流变），导致巷道围岩应变超过了稳定流变时的临界应变值，巷道进入了不稳定流变状态，导致了巷道的严重破坏，阻碍了正常生产。因此，应该研发适合深部综放大断面沿空掘巷

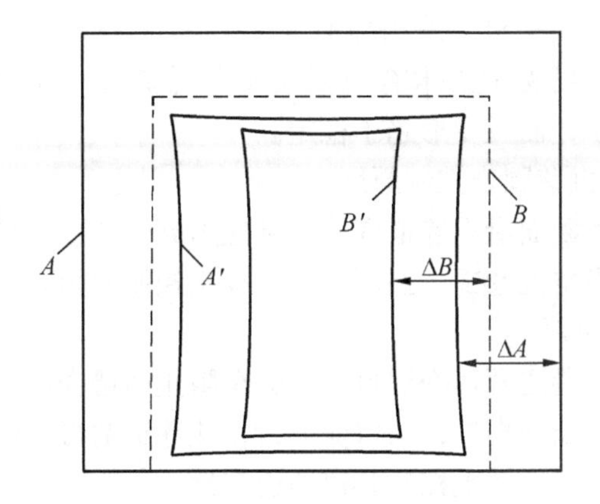

A—大断面巷道；B—小断面巷道；A′—变形后的大断面巷道；B′—变形后的小断面巷道

图 8-1　大、小断面巷道变形效果对比示意

大变形特点的新的支护技术，即允许产生较大的变形（控制巷道围岩在稳定流变范围内），又保持巷道稳定。采用不同支护技术时的巷道围岩应变—时间关系曲线如图 8-2 所示。

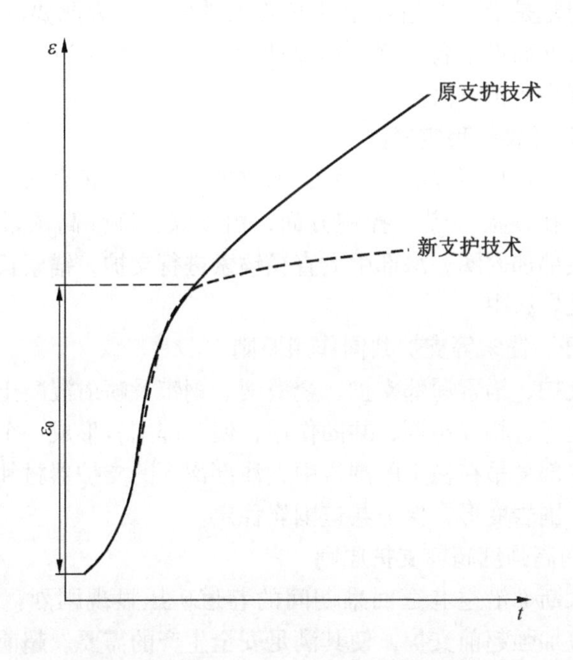

图 8-2　采用不同支护技术时的巷道围岩应变—时间关系曲线示意

从图8－2中可以看出，采用原有支护技术时，巷道流变（扩容流变）大，巷道容易失稳；新支护技术有效限制了巷道流变（扩容流变）的发展，使得变形量有所减小，而且变形趋于稳定。

8.1.2 大断面沿空掘巷围岩控制原则

由于深部综放大断面沿空巷道围岩内部应力高、变形大且持续时间长，依据深部综放大断面沿空掘巷围岩控制原理，提出控制原则。

1. 大断面掘进原则

综放大断面沿空巷道两帮变形量大，完全阻止两帮变形很难实现，而且不经济。因此，采用大断面掘进，预留变形量，让巷道两帮产生一定的变形，释放围岩压力，可以经济有效地控制巷道的稳定性。

2. 实体煤帮高强长锚索、高锚固力、强让压原则

高锚固力一是要求实体煤帮长锚索长度能够深入外应力场中的煤体中；二是要求锚固强度大，能够在大变形时保持锚固端稳定。使用高让压点大让压距离的让压管，相当于提高锚索延伸率，即让压又控制实体煤帮变形，保持实体煤帮的稳定。

3. 注重小煤柱加固原则

小煤柱的稳定是沿空巷道稳定的必要条件之一，因此要确保小煤柱的稳定。对于深部大断面沿空巷道侧的小煤柱宽度以3～5 m为宜，支护方式可考虑锚网索喷的联合支护方法。

4. 保持顶板（煤）稳定原则

在巷道掘进时保持顶煤的完整性，如有夹矸层且位置合适、厚度较小，宜采取挑顶掘进。在顶板（煤）控制方面，由顶煤、高强高预紧力锚杆、金属网和钢带形成浅部加固圈；深部由大直径锚索进行支护，锚索长度必须穿透顶煤且深入到坚硬岩石中。

5. 高强锚杆、锚索等支护共同作用原则

锚杆浅部支护、锚索深部支护、金属网、钢带及喷射混凝土表面支护各方面要有机结合起来，相互协调、共同作用，使浅部围岩形成一个承载能力大的挤压加固拱，深部悬吊在稳定的围岩中，浅部深部的支护器材和围岩最终共同承载，有效减小围岩变形，保证巷道围岩稳定。

6. 回采期间高强度超前支护原则

深部综放大断面沿空巷道回采期间的巷道矿压显现剧烈，超前变形量很大，回采期间应加强超前支护，使其满足安全生产的需要。超前支护可采用高阻力的顺槽超前液压支架，能够有效控制巷道变形。

8.1.3　大断面沿空巷道围岩稳定性影响因素

1. 沿空掘巷合理的位置及时间确定

沿空掘巷是沿着相邻工作面采空区边缘布置，巷道顶板岩层处于上覆岩层结构固支边和铰接边之间。在相邻工作面采空区边缘煤体内存在一个相对低应力状态的峰后煤体，也就是煤体内的破裂区和塑性区。若在其中布置巷道，支护载荷相对较小，这是沿空巷道支护的主要力学特征。基本顶的破断位置基本位于煤体弹塑性交接处，通过计算基本顶在煤壁内的破断位置，可以确定沿空掘巷的位置。

由于沿空掘巷的位置主要是由内应力场范围决定的，通过对支承压力的分布规律及上覆岩层的运动进行预测，可以确定沿空巷道合理的掘巷时间和掘巷位置。一般沿空掘巷时间是在上覆岩层运动基本结束，应力重新分布逐渐趋于稳定后。此时沿空掘巷最有利。

2. 沿空掘巷围岩稳定性影响因素

围岩稳定性的影响因素主要有围岩强度、岩性及裂隙发育程度、开采深度、巷道高度、采动影响、煤柱影响等。

(1) 围岩强度。围岩强度反映的是围岩自身的承载能力。对巷道变形、破坏起着重要作用，即一般情况下围岩强度越小，变形破坏程度就越大，巷道就越不稳定。但如果沿空掘巷两帮及顶板均为煤层，煤层强度也对巷道的稳定性产生影响。

(2) 岩性及裂隙发育程度。围岩性质决定煤柱变形破坏程度。即使埋深相同，围岩的岩性不同，巷道围岩变形也是不一样的，抗压强度较大的围岩变形较小。在软弱岩石或膨胀性岩石中采用沿空掘巷技术，不仅使煤柱变形和破坏速度加快，而且变形与破坏的形式也呈多样化。煤岩体中一般都含有发育程度不同的节理、裂隙、软弱夹层等，这些弱结构面在很大程度会削弱煤岩体的完整性，降低煤岩体的强度，造成围岩失稳，巷道维护较困难。

(3) 开采深度。随着开采深度增加，原岩应力相应增大。巷道开掘后煤柱变形加快，变形量加大，巷道周边塑性区范围扩大，巷道围岩塑性区范围内岩石的内聚力和内摩擦角迅速减小，从而导致巷道失稳。巷道顶板的应力峰值会随着采深的增加向煤体深处转移，顶板岩层容易出现整体下沉及离层。沿空掘巷实体煤帮随着巷道埋深的增加承受的应力也越大，煤柱上方所受载荷也增加，从而煤柱帮的承载能力降低，这样就造成巷道围岩的变形破坏程度和范围也会越来越大，从而增加巷道支护的难度。

(4) 巷道高度。巷道顶底板和两帮移近量与采高呈线性关系增加。为了确保窄煤柱的稳定性，应减小护巷窄煤柱的高度，同时采用合适的宽高比。煤柱的宽高比主要对巷道两帮的影响比较大。

（5）采动影响。采动影响主要是指工作面回采引起的超前支承压力的影响。沿空巷道是在相邻工作面采空区侧向已受采动影响的煤岩体内开挖，该部分煤岩体从沿空巷道开挖前到巷道废弃期间受到沿空掘巷开挖及本工作面回采共两次扰动影响。在回采期间窄煤柱沿空巷道受超前支承压力作用，这个阶段煤柱变形大，甚至已完全破坏，巷道顶板承载能力减弱，进而导致顶板向煤柱采空区侧偏转下沉，造成巷道围岩的变形破坏。

采动影响系数可以用采高与直接顶厚度的比值表示，直接顶的厚度越大，工作面采高越小，工作面回采引起的支承压力就越小，就越有利于巷道的稳定；反之，巷道的稳定性就会降低。根据弧形三角块理论，影响弧形三角块结构稳定性的主要因素是工作面采动支承压力、采深、采高及煤层的力学性质等，工作面采动影响是决定弧形三角块结构稳定性的主要影响因素。

（6）煤柱影响。窄煤柱宽度是影响沿空掘巷稳定性十分重要的因素。沿空掘巷围岩稳定性影响着大结构的稳定性，当上覆岩层大结构的稳定性受到影响时，就会影响到小结构的应力和位移分布，最后这些作用就会传递到巷道，引起巷道的变形破坏。窄煤柱失稳容易造成沿空巷道的失稳破坏，所以沿空掘巷的稳定性要同时考虑大结构和小结构的稳定性。围岩的变形、失稳破坏是各组成部分相互作用、相互影响的综合结果，任一部分的变形失稳都有可能导致整个小结构乃至整个巷道的围岩变形破坏，而小结构中窄煤柱的稳定尤为关键，直接影响沿空掘巷的稳定性，因此围岩控制时要注重窄煤柱帮支护。

3. 深部沿空掘巷围岩变形破坏特征

深部巷道所处的应力环境及地质环境与浅部不同。应力环境不同，巷道围岩破坏形式也不尽相同，结合理论分析与湖西矿井沿空掘巷现场的变形破坏情况，发现深部沿空掘巷围岩变形破坏主要有以下几个特征。

（1）深部沿空巷道围岩变形量较大，变形速率快，呈现非对称变形特征。受相邻工作面采空区侧向支承压力影响，沿空巷道顶板会出现一定程度的弯曲下沉。当掘巷及本工作面回采的时候，受本工作面采动影响，窄煤柱帮及实体煤帮会相继出现变形，并且窄煤柱帮变形量大于实体煤帮变形量，窄煤柱帮变形比较严重，挤入量较大，煤体较破碎，在宏观上具有明显的非对称变形特征，影响了沿空掘巷的正常使用，需要随着工作面回采进行扩帮处理。受本工作面采动影响，沿空巷道顶板有整体下沉现象。

（2）支护体失效严重。沿空掘巷窄煤柱帮上帮锚杆出现部分失效情况，主要表现为钢带断裂、托盘脱落等现象。

（3）底鼓现象严重，破坏范围大。由于受深部高原岩应力及复杂应力场的影响，深部开采经常会出现巷道底鼓，而且巷道支护通常只注重顶板和两帮，忽视底板的支护，通常对底板不支护或者只进行小强度的支护。沿空巷道底鼓现象已经成为深部沿空掘巷围岩变形破坏的主要特征之一，尤其是靠近窄煤柱侧巷道底板底鼓较严重。随着采深的加大，巷道底板更容易鼓起，而且巷道底鼓量在顶底板移近量中所占的比重也越来越大。

8.1.4 大断面沿空掘巷围岩变形失稳机理分析

在井下煤炭开采过程中，尤其是在深部煤层开采过程中，一般都会发生巷道围岩变形，只是变形的大小不一。如果巷道围岩变形较大，就可能会影响煤炭的正常生产，阻碍运输、通风和人员行走，对井下人员、设备的安全造成威胁，还可能会影响巷道的正常使用。因围岩变形而造成巷道报废的现象也经常发生。分析深部沿空掘巷的围岩变形破坏机理对于找到合理的沿空巷道围岩控制对策，指导深部煤矿安全高效生产具有重要意义。

1. 沿空掘巷上覆岩层破坏的结构模型

钱鸣高等提出的关键层理论认为，煤层顶部岩层力学性质及特征存在一定差异，对煤岩体的影响也不相同，其中一些较为坚硬的岩层在围岩的变形破坏过程中起着主要控制作用，岩层活动及采场矿压显现都受其破断结构的影响。关键层理论也可以应用于研究沿空掘巷上覆岩层结构的稳定性。基本顶岩层的稳定状况和活动规律直接影响其下方沿空掘巷围岩的应力状态、变形特征及稳定状况。

对于沿空掘巷而言，一侧为相邻工作面采空区，另一侧为未开采的工作面实体煤，相邻工作面上覆岩层基本顶在实体煤侧为固定边，基本顶的垮落特征就形成了弧形三角块结构。弧形三角块的稳定是沿空掘巷围岩稳定的关键，弧形三角块结构的旋转下沉是造成沿空巷道围岩变形大的主要原因之一。沿空掘巷基本顶弧形三角块结构模型如图 8－3、图 8－4 所示。

相邻工作面回采结束后，采空区矸石压缩稳定，岩块 C 一般都处于稳定状态。当沿空巷道开挖后，受支承压力影响，巷道两侧煤体发生变形，岩块 A、B 动状态发生改变。掘巷后弧形三角块结构的稳定性虽然有所降低，但降低较小，弧形三角块仍能保持稳定状态，掘巷对弧形三角块结构的稳定性影响较小。所以，掘巷期间沿空掘巷围岩变形量不大，只要采取合理的支护措施，便能保证巷道在掘进期间的正常使用。

在本工作面回采期间，沿空掘巷围岩变形主要受到本工作面超前支承压力

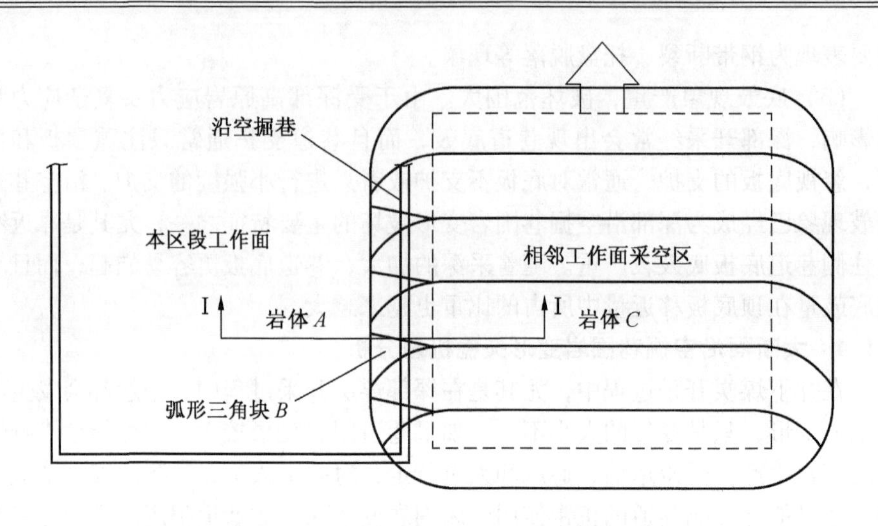

图 8-3　沿空掘巷弧形三角块结构模型平面示意

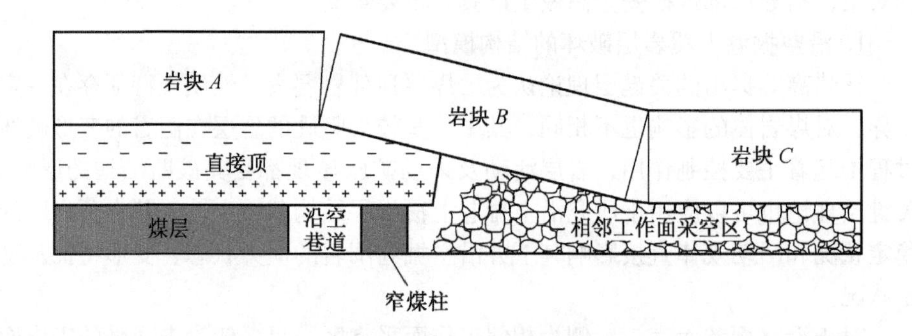

图 8-4　沿空掘巷弧形三角块结构模型剖面

与相邻工作面采空区侧向支承压力的叠加影响。弧形三角块承受超前支承压力作用，弧形三角块结构的稳定性及运动状态将发生较大的改变，并通过直接顶作用于沿空掘巷。沿空掘巷上覆关键层的旋转下沉正是沿空巷道围岩所受外力的主要来源。对沿空掘巷稳定性影响最大的关键层就是基本顶，所以研究工作面端头基本顶破断后形成的弧形三角块结构的稳定性及运动状态对沿空掘巷的稳定性研究具有重要意义。

2. 沿空掘巷上覆岩体破断结构稳定性研究

1）上覆岩层基本顶的破断位置

通过以往的研究发现，基本顶的破断位置对关键块结构的稳定性有很大影响。在相邻工作面回采后，基本顶的破断位置大约处于煤体弹塑性交接处，基本顶破断后以破断线为轴向采空区旋转下沉。沿空掘巷基本顶断裂线位置主要取决于煤层埋深，上覆岩层厚度，采空区的状态，直接顶、基本顶的厚度及岩石力学性质等因素。沿空巷道上覆岩层基本顶的破断主要有四种基本形式，如图8－5所示。不同断裂结构下，窄煤柱帮受力及变形规律存在较大差异，通过研究上覆岩层基本顶破断形式，对于分析窄煤柱及沿空巷道的围岩的稳定性都具有重要意义。

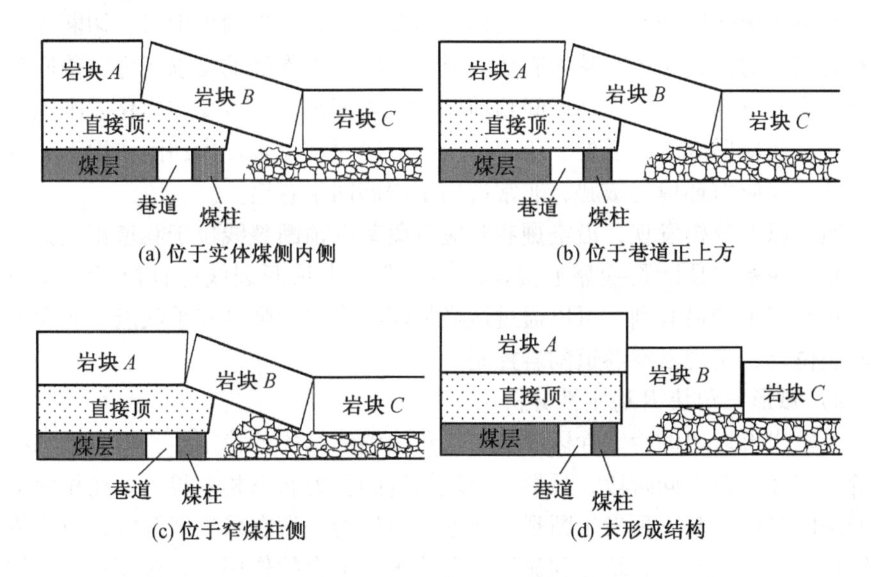

图8－5　沿空掘巷上覆岩层基本顶的破断形式

当基本顶断裂线位置位于实体煤内侧时，图8－5a中结构，不仅窄煤柱及采空区的矸石承受上覆岩层的载荷，部分载荷也传递到实体煤上。此时沿空巷道窄煤柱帮及实体煤帮都受影响，两帮位移量较大，应加强两帮支护。

当基本顶断裂线位置位于巷道正上方时，图8－5b中结构，在摩擦力及水平挤压力的作用下，岩块B缓慢下沉，当采空区的矸石压实稳定后，岩块B及上覆岩层的载荷就传递到直接顶及窄煤柱上，煤柱由于承受较大的应力就由弹性状态进入塑性状态，煤柱变形量较大。而且沿空巷道也直接承担部分直接顶的载荷，导致围岩变形量较大，尤其是煤柱帮围岩较破碎。此时若采用锚杆支护，锚杆支护系统自稳性差，围岩支护效果较差，巷道维护难度大。

当断裂线位于窄煤柱侧时，即图8－5c中结构，岩块B回转下沉稳定后，部分上覆岩层载荷传递到直接顶上，此时对沿空巷道及窄煤柱的影响较小。煤柱变形在合理的范围内，同时具有一定的承载能力，并且围岩的可锚性较好，锚杆支护系统自稳性较好，围岩可获得良好支护效果，有利于巷道维护。

图 8 –5d 中未形成结构，此种破断结构虽然未形成任何结构，但由于岩块的断裂，切断支承压力在岩梁间的传递路径，相当于卸去巷道及煤柱上方的压力，基本顶的破断对窄煤柱影响较小，使沿空巷道及窄煤柱处在较好的应力环境中。此种结构原理及优点类似于“110 工法”。“110 工法”是首先通过支护增强巷道顶板强度和刚度，然后采用定向爆破方式切断顶板围岩，切断支承压力在岩梁间的传递路径，从而有效降低下一回采工作面的支承压力，使回采巷道处于应力场卸压区。采动期间超前压力大幅度减小，改变和优化了围压的分布规律，使新形成的巷道处于压力卸压区，同时在恒阻锚索加固作用下，有效地降低了高应力环境的威胁，非常适用于深部回采巷道。

通过以上分析发现，沿空掘巷时应避免基本顶断裂线位于巷道正上方，巷道应布置在基本顶断裂线靠近实体煤侧，即基本顶断裂线位置位于窄煤柱侧时，对巷道维护最有利。可以通过适当提高窄煤柱的强度和承载能力改变基本顶断裂位置，实现沿空巷道围岩控制。

2）弧形三角块 B 稳定性分析

上覆岩层岩块的稳定性影响弧形三角块整体结构的稳定性，进而影响窄煤柱的稳定性。在不同阶段，弧形三角块结构的受力状态相差很大。在相邻工作面回采的时候，基本顶发生断裂，弧形三角块的一端在采空区触矸，与岩体形成铰接结构。此时，岩块受到弧形三角块水平推力的作用及直接顶和矸石的有力支撑处于稳定状态，并且直到掘巷之前，岩块都是处于稳定的状态。

开始掘巷时，弧形三角块并未受到太大影响，随着巷道不断掘进，巷道围岩应力发生变化，出现应力集中，使巷道产生一定的变形，但此时变形量不是太大。当本工作面回采的时候，在超前支承压力与上区段采空区侧向支承压力共同影响下，上覆岩层与基本顶上的软弱岩层接触，弧形三角块承受支承压力的作用。另外，在支承压力共同作用下，弧形三角块进一步旋转、下沉，其下方的矸石、煤层及直接顶的进一步压缩、下沉引起巷道围岩变形。而且随着采深的增加，弧形三角块的稳定性逐渐降低。本工作面回采的时候对弧形三角块稳定性影响最大，上覆岩层平衡状态被打破。由于巷道上覆岩层基本顶各块体间的相互影响，导致巷道在超前工作面一定范围内围岩变形会随着与工作面距离的减小而呈逐渐增加的趋势。

8.2 围岩稳定性影响因素

8.2.1 沿空掘巷合理的位置及时间确定

沿空掘巷是沿着相邻工作面采空区边缘布置，巷道顶板岩层处于上覆岩层结构固支边和铰接边之间。在相邻工作面采空区边缘煤体内存在一个相对低应力状态的峰后煤体，也就是煤体内的破裂区和塑性区。若在其中布置巷道，支护载荷相对较小，这是沿空巷道支护的主要力学特征。基本顶的破断位置基本位于煤体弹塑性交接处，通过计算基本顶在煤壁内的破断位置，可以确定沿空掘巷的位置。

由于沿空掘巷的位置主要是由内应力场范围决定的，通过对支承压力的分布规律及上覆岩层的运动进行预测，可以确定沿空巷道合理的掘巷时间和掘巷位置。一般沿空掘巷时间是在上覆岩层运动基本结束，应力重新分布逐渐趋于稳定后。此时沿空掘巷最有利。

8.2.2 沿空掘巷围岩稳定性影响因素

围岩稳定性的影响因素主要有围岩强度、岩性及裂隙发育程度、开采深度、巷道高度、采动影响、煤柱影响等。

1. 围岩强度

围岩强度反映的是围岩自身的承载能力。对巷道变形、破坏起着重要作用，即一般情况下围岩强度越小，变形破坏程度就越大，巷道就越不稳定。但如果沿空掘巷两帮及顶板均为煤层，煤层强度也对巷道的稳定性产生影响。

2. 岩性及裂隙发育程度

围岩性质决定煤柱变形破坏程度。即使埋深相同，围岩的岩性不同，巷道围岩变形也是不一样的，抗压强度较大的围岩变形较小。在软弱岩石或膨胀性岩石中采用沿空掘巷技术，不仅使煤柱变形和破坏速度加快，而且变形与破坏的形式也呈多样化。煤岩体中一般都含有发育程度不同的节理、裂隙、软弱夹层等，这些弱结构面在很大程度会削弱煤岩体的完整性，降低煤岩体的强度，造成围岩失稳，巷道维护较困难。

3. 开采深度

随着开采深度增加，原岩应力相应增大。巷道开掘后煤柱变形加快，变形量加大，巷道周边塑性区范围扩大，巷道围岩塑性区范围内岩石的内聚力和内摩擦角迅速减小，从而导致巷道失稳。巷道顶板的应力峰值会随着采深的增加向煤体深处转移，顶板岩层容易出现整体下沉及离层。沿空掘巷实体煤帮随着巷道埋深的增加承受的应力也越大，煤柱上方所受载荷也增加，从而煤柱帮的承载能力降低，这样就造成巷道围岩的变形破坏程度和范围也会越来越大，从而增加巷道支护的难度。

4. 巷道高度

巷道顶底板和两帮移近量与采高呈线性关系增加。为了确保窄煤柱的稳定性，应减小护巷窄煤柱的高度，同时采用合适的宽高比。煤柱的宽高比主要对巷道两帮的影响比较大。

5. 采动影响

采动影响主要是指工作面回采引起的超前支承压力的影响。沿空巷道是在相邻工作面采空区侧向已受采动影响的煤岩体内开挖，该部分煤岩体从沿空巷道开挖前到巷道废弃期间受到沿空掘巷开挖及本工作面回采共两次扰动影响。在回采期间窄煤柱沿空巷道受超前支承压力作用，这个阶段煤柱变形大，甚至已完全破坏，巷道顶板承载能力减弱，进而导致顶板向煤柱采空区侧偏转下沉，造成巷道围岩的变形破坏。

采动影响系数可以用直接顶厚度与采高的比值表示，直接顶的厚度越大，工作面采高越小，工作面回采引起的支承压力就越小，就越有利于巷道的稳定；反之，巷道的稳定性就会降低。根据弧形三角块理论，影响弧形三角块结构稳定性的主要因素是工作面采动支承压力、采深、采高及煤层的力学性质等，工作面采动影响是决定弧形三角块结构稳定性的主要影响因素。

6. 煤柱影响

窄煤柱宽度是影响沿空掘巷稳定性的十分重要因素。根据大、小结构稳定性原理，沿空掘巷围岩稳定性影响着大结构的稳定性，当上覆岩层大结构的稳定性受到影响时，就会影响到小结构的应力和位移分布，最后这些作用就会传递到巷道，引起巷道的变形破坏。窄煤柱失稳容易造成沿空巷道的失稳破坏，所以沿空掘巷的稳定性要同时考虑大结构和小结构的稳定性。围岩的变形、失稳破坏是各组成部分相互作用、相互影响的综合结果，任一部分的变形失稳都有可能导致整个小结构乃至整个巷道的围岩变形破坏，而小结构中窄煤柱的稳定尤为关键，直接影响沿空掘巷的稳定性，因此围岩控制时要注重窄煤柱帮支护。

8.2.3 深部沿空掘巷围岩变形破坏特征

深部巷道所处的应力环境及地质环境与浅部不同。应力环境不同，巷道围岩破坏形式也不尽相同，结合理论分析与湖西矿井沿空掘巷现场的变形破坏情况，发现深部沿空掘巷围岩变形破坏特征主要有：

（1）深部沿空巷道围岩变形量较大，变形速率快，呈现非对称变形特征。

受相邻工作面采空区侧向支承压力影响，沿空巷道顶板会出现一定程度的弯曲下沉。当掘巷及本工作面回采的时候，受本工作面采动影响，窄煤柱帮及实体煤帮会相继出现变形，并且窄煤柱帮变形量大于实体煤帮变形量，窄煤柱帮变形比较严重，挤入量较大，煤体较破碎，在宏观上具有明显的非对称变形特征，影响了沿空掘巷的正常使用，需要随着工作面回采进行扩帮处理。受本工作面采动影响，沿空巷道顶板有整体下沉现象。

（2）支护体失效严重。沿空掘巷窄煤柱帮上帮锚杆出现部分失效情况，主要表现为钢带断裂、托盘脱落等现象。

（3）底鼓现象严重，破坏范围大。由于受深部高原岩应力及复杂应力场的影响，深部开采经常会出现巷道底鼓，而且巷道支护通常只注重顶板和两帮，忽视底板的支护，通常对底板不支护或者只进行小强度的支护。沿空巷道底鼓现象已经成为深部沿空掘巷围岩变形破坏的主要特征之一，尤其是靠近窄煤柱侧巷道底板底鼓较严重。随着采深的加大，巷道底板更容易鼓起，而且巷道底鼓量在顶底板移近量中所占的比重也越来越大。

根据深部沿空掘巷围岩变形影响因素及破坏特征，借助数值模拟软件分析湖西矿井深部沿空掘巷的围岩变形特征，对其稳定性进行分析，进而找到合理的、有针对性的围岩控制对策。

8.3 围岩稳定性控制技术

8.3.1 锚杆锚固作用效果分析

综放沿空掘巷巷道围岩稳定性主要受“大、小结构”稳定性影响。本节将分析“小结构”对综放沿空掘巷围岩稳定性影响，系统分析锚杆锚固效果及临界锚固长度、预紧力对锚杆锚固效果的影响，提出综放沿空掘巷围岩稳定性控制技术。

通过锚杆支护能够将锚固围岩形成一个相互作用的统一承载体，这从锚杆的锚固作用上能够体现出来。通过分析目前研究的结论，锚杆的锚固效果主要体现为两个方面：一方面能够提高被锚固煤岩体的强度，另一方面可改善锚固范围内煤岩体的力学性质。

1. 提高被锚固煤岩体的强度

煤岩体的强度取决于围压和煤体的本征强度，在经锚杆支护后，煤体的本征强度得到了增加，主要体现在以下几方面：

（1）弹性模量的变化。安装锚杆以后锚固体的弹性模量有了比较大的提高，且随着锚杆布置密度与锚杆强度的增加而不断增加。弹性阶段，围岩沿锚杆轴向并没有发生较大变形，但锚杆对锚固体的弹性模量 E 产生了一定的影响。

（2）锚固体破坏前值的变化。锚杆对锚固体内聚力的影响并不大，对锚固体内摩擦角的影响比较大，且随锚杆布置密度的不断增加，内摩擦角增加的幅度会呈逐渐减小的趋势。

（3）锚固体的残余强度值的变化。在锚固体强度变化至残余强度时，破坏后的锚固体的值与无锚杆时相比均有所提高，且随锚杆布置密度的不断增加，锚固体残余阶段内聚力也增大；残余强度的变化比较小。

综上可见，锚杆可使锚固区域的煤岩强度得到强化。综放沿空掘巷中“小结构”支护时，合理的锚杆支护方案可以提高围岩的强度。

2. 改善锚固范围内煤岩体的变形特性

锚杆锚固软弱破碎煤岩体后，该锚固体的变形特性主要具有以下特点：

（1）破坏类型。岩石的破坏类型主要有两种：脆性破坏和延性破坏。两者主要区别在于岩性变形大小和破坏后应力变化速度。许多试验证明：较大的围压可以使岩石的破坏类型由脆性向延性转化。软弱破碎煤体锚固后的破坏类型仍为脆性破坏。

（2）变形特征。经锚杆锚固后的软弱破碎煤体，在受力变形过程中会表现出一定的可塑性，整体的稳定性会有所提高，并且在较大的变形范围内强度保持基本稳定。

（3）强度特征。综放沿空掘巷中，锚杆主要作用区域在围岩破裂的浅部，此区域内围岩压力较低，围岩对于支护提供的径向约束力比较敏感，因此，在围岩中安装锚杆可以在很大程度上提高锚固区内煤体强度。

（4）破坏特征。破坏后岩石力学特征主要表现为结构特征。受围岩破裂面控制，围压低时，岩体会沿原有破裂面滑移并发生破坏，岩体强度低，呈现出塑性特性；围压高时，会形成新的破裂面。故可认为，将软弱破碎煤体用锚杆锚固后，也会有类似的破坏特征。

综上可见，经锚杆锚固后的软弱破碎煤体，它的残余强度及抗变形能力都会提高，破坏方式也会比较容易控制，承载能力也得到了提高。同时，锚固体能在相当大的变形范围内保持承载能力。

8.3.2 临界锚固长度对锚固效果的影响

1. 临界锚固长度的确定方法

锚杆的临界锚固长度是指在一定条件下，锚杆在围岩中获得极限拉拔力时的最小锚固长度。临界锚固长度的影响因素有锚杆本身的特性、锚固剂的性能、

“三径”关系及锚固围岩的特性。可见，其中有一个因素不同时，其临界锚固长度也会不同。软弱破碎煤体的临界锚固长度的确定方法主要有以下两种方法：

1）理论计算

沿空掘巷巷道围岩比较破碎，一般掘巷布置在煤层中，此时按照锚杆的最大拉拔力来计算临界锚固长度，即锚杆采用全长锚固，极限锚固长度 L 计算式为

$$L=\frac{-2D}{\sqrt{\frac{8K}{E}}}\ln\left[1-\frac{F_{\max}}{\alpha\pi D^{2}\sqrt{\frac{E}{8K}}[\tau]}\right] \tag{8-1}$$

式中　α——残余黏结剪应力的影响系数，取 1.5；

$[\tau]$——黏结强度，MPa；

D——锚杆直径，m；

$F_{\max}$——锚杆的最大拉拔力，kN；

E——锚杆的弹性模量，MPa；

K——锚杆锚固后的剪切刚度，MPa。

2）现场试验

通过对现场不同锚固长度的锚杆进行锚固试验测出锚杆的临界锚固长度。这种方法得到的值通常更接近实际，但是受锚固区域的围岩岩性、安装角度等因素影响，该方法需要大量的试验。

采用锚杆支护时，考虑到理论计算和实际地质情况的差异，需对临界锚固长度留有一定的富余系数，这样才能确保锚杆的拉拔力达到最大，锚杆能够高效的发挥锚固作用。

2. 不同锚固方式对锚固效果的影响

锚杆支护中将孔壁和锚杆有效地结合在一起的是锚固剂。锚固剂自身凝固后有一定的强度，因此具有一定的抗剪和抗拉能力。锚固剂和锚杆共同发挥支护作用，强化巷道围岩。

1）锚固剂的黏结作用

锚固剂的主要作用就是将锚杆和钻孔有效地结合起来，从而达到提高围岩强度，有效控制巷道围岩变形的目的。

2）锚固剂的抗拉与抗剪作用

我国锚杆支护中一般选择树脂锚固剂，锚固剂本身抗拉强度在 10 MPa 左右，因此将树脂锚固剂注入到钻孔中也能体现出一定的抗拉强度。但是，当锚

固剂将锚杆与孔壁有效结合起来时，主要体现出锚杆的抗拉强度，锚固剂的抗拉强度则很小。同样，树脂锚固剂也具有一定的抗剪强度，但是在锚杆支护的过程中抗剪强度作用很小。

3）端部锚固与全长锚固的区别

目前锚杆的锚固方式一般为端部锚固、加长锚固与全长锚固，主要区别在于锚杆的锚固长度。端部锚固中锚固剂在端部起到固定作用，使锚杆能够承受一定的拉力，因此杆体各部位的应力和应变相等。在锚固区域发生岩层错位或离层时，杆体将会均匀地受到拉应力或剪应力，但是由于锚固剂在端部锚固面积小，对于围岩的变形和离层产生的应力不明显，导致整体支护强度低。加长锚固与全长锚固中锚固剂与端部锚固相比区域更大，使得杆体端部受到拉应力，其余段沿锚杆长度均匀分布。但是，由于锚固剂将杆体与围岩有效地结合起来，致使杆体应力、应变沿锚杆长度方向分布极不均匀，一旦围岩发生离层和相对滑动，杆体的应力和应变将会敏感地体现出来，及时起到支护作用，支护强度高。当围岩变形时，锚杆和锚固剂共同发生作用，也能体现出锚固剂自身的抗拉和抗剪作用。

因此可以得出：端部锚固杆体对受力和围岩变形不敏感，支护强度低；加长锚固与全长锚固杆体对受力和围岩变形敏感，支护强度高。

8.3.3 预紧力对锚杆锚固效果的影响

1. 锚杆预紧力的作用

1）提高围岩承载能力

当岩层发生离层或滑动时，锚杆提供的承载能力有限，对围岩应力的重新分配影响较小。当锚杆施加一定的预紧力后，锚杆从被动支护变为了主动支护，使围岩的受力状态由二维应力变为三向应力。巷道形成初期，围岩应力重新分布，造成围岩表面滑移，为了避免围岩的整体性和强度降低，需要及时有效地遏制围岩表面破裂区向深部发展，因此需要提高围岩沿杆体方向的约束力和抗剪能力，以便提高岩体自身的承载能力，增强围岩的稳定性。

2）实现破碎锚固围岩高阻让压

研究表明破碎围岩、大变形巷道的支护体是在高阻力的基础上可缩让压，两者协调才能提高围岩稳定性。在支护初期，巷道变形处于初期，合理的预紧力可以有效控制浅部围岩破裂向深部发展，保证了锚固体自身的整体性和强度，间接的承载外部围岩的作用力，实现了锚杆高阻力特点。锚杆需要一定的延伸能力，在高阻力作用下，杆体合理延伸可以卸压同时保持对锚固体变形的有效控制，间接的对外部围岩起到让压作用。

2. 提高预紧力的方法

根据以上的理论分析，现场一般选用左旋无纵筋高强螺纹钢锚杆支护系列材料，并在施工器具的选择、锚索结构方面作出改进。

1）锚杆杆体采用高强左旋无纵筋螺纹钢杆体

左旋螺纹在锚杆安装时能够在搅拌锚固剂的同时产生压紧锚固剂的作用力，能够提高锚固剂的实密度，增加锚固剂黏结力，提高锚杆锚固段的着力点。因此左旋螺纹的合理生产工艺确保了杆体的强度，同时保证了预紧力施加工艺的简单化。

2）高强加厚螺母

螺母主要有两个作用：一是通过螺母压紧托盘给锚杆施加预紧力；二是围岩变形后应力通过托盘、螺母传递到杆体，杆体工作阻力增大，控制了围岩变形。从理论分析中可以看出，螺母直接影响着螺母与锚杆螺纹段间的滑动摩擦系数f_1、螺母、垫圈端面间滑动摩擦系数f_0、螺母预紧力矩M，因此螺母是锚杆的重要组成部分，锚杆预紧力施加更是与螺母有着密不可分的关系。

传统的锚杆由锚杆杆体、正六边形螺母本体和托盘等组成，正六边形螺母本体具有与锚杆杆体接触的螺距较小以及与托盘接触面积较小等特点。在地应力较大或巷道围岩大变形时，锚杆受力过程中螺母与杆体间易产生应力集中，造成螺母开裂脱落，从而导致锚杆失效，造成巷道冒顶事故，严重影响煤矿安全生产。因此有必要对锚杆螺母进行改进。

依据高强锚杆杆体直径的大小，采用高强矿用钢材整体浇筑四边形螺母本体、凸面、圆形接触盘，提高整体强度。改传统六边形螺母本体为四边形螺母本体，提高螺母径向厚度，增强螺母抗剪强度，同时也便于对螺母施加力矩。通过凸面将四边形螺母本体与圆形接触盘连接成整体以减小应力集中。通过圆形接触盘增加与托盘的接触面积，有利于降低两者接触面的应力集中程度。通过减摩垫片减小圆形接触盘与托盘之间的摩擦力，从而提高施加于高强锚杆杆体的预紧力。

通过改变螺母的本体结构，增强螺母的抗剪强度，减小应力集中程度，增大接触面积和减小摩擦力，大幅度提高了锚杆整体的可靠性，充分发挥锚杆支护系统的能力。同时也避免了因螺母抗剪强度不足造成的锚杆失效现象，提高了巷道锚杆支护的安全系数。

3）托盘

螺母通过杆体的螺纹将预紧力作用在托盘上，托盘一方面将施加的预紧力扩散到煤岩体，增大锚杆的作用范围，为螺母提供较稳定的受力点；另一方面围岩变形后将直接作用于托盘，通过托盘作用在锚杆杆体，增大了锚杆的工作阻力，进一步控制了围岩变形。托盘的强度与其材料、厚度、大小、形状等有关，因此选择时要使其能够与锚杆杆体匹配。在综放沿空掘巷巷道围岩稳定性控制中，巷道围岩应力大、变形大，一般选择为拱形托盘，利用其变形卸压来保证预紧力大小。同时，托盘可以适应不同角度的锚杆安装。

4）减摩垫圈

从理论分析可知，螺母、垫圈端面间滑动摩擦系数 f_0 直接影响着预紧力的施加。因此为了减小垫圈端面间滑动摩擦系数 f_0 对其影响，最大限度地将锚杆安装时的扭矩转化为预紧力，提高支护强度，选择合理的减摩垫圈材质，设计合理的垫圈厚度与直径，保证在一定的安装扭矩下能提供较大的预紧力。

8.3.4 综放沿空掘巷围岩稳定性控制技术

1. 围岩控制理论研究现状

（1）何满潮提出了关键部位耦合组合支护理论，该理论主要为巷道围岩体与支护体在强度、刚度及结构等部分存在不耦合，从而导致巷道所采用的支护结构破坏。所以要改变结构的不耦合状态，使其相互耦合。采取的措施主要有合适的支护转化技术或者对于比较复杂巷道的二次支护技术，以柔性为主的一次面支护和以关键部位为主的二次点支护。

（2）康红普研究了深部高应力巷道围岩的变形破坏特征，通过对深部矿井地应力的分布特征和井下现场实测数据的分析，发现了现阶段巷道采用锚杆支护方面存在的主要问题，从而针对这些问题，提出了巷道锚杆支护准则及针对深部巷道围岩的强力锚杆及高预应力锚杆的支护理论。其中强力锚杆支护体系是一种有效的支护方式，该体系主要包括强力锚杆、强力锚索及强力钢带等。通过现场试验发现，高预应力、强力锚杆支护体系在控制深部巷道围岩的变形失稳及保持巷道围岩的稳定等方面具有针对性的控制作用。

（3）方祖烈提出了主、次承载区支护理论。该理论主要认为在巷道开掘以后，在巷道周边围岩中会出现张拉区域及压缩区域。由于压缩域是处在三向应力环境中，巷道围岩强度比较高，因此构成了保证巷道围岩稳定的主承载区；而张拉区域处在强度相对低的巷道周边围岩体中，是支护的主要对象，由于原来不具有太大的承载能力，但采用支护结构后，也就具有一定的承载能力，可以起到控制辅助作用，因此构成次承载区。巷道最后能否稳定主要是由主、次承载区的调和影响一起作用的，通过对主、次承载区域相互协调过程中所呈现的动态特征分析确定支护参数和支护结构，支护强度要求一次到位。

（4）于学馥得出了轴变论理论及开挖系统控制理论。轴变论是在弹塑性分析的基础上进行的，认为巷道垮落以后通常自己重新进行稳定。开挖系统控制理论是在系统学及热力学的基础上得出的，该理论认为巷道开掘打破了原有煤体的应力平衡，巷道围岩变形失稳主要是因为应力超过岩体的极限强度而导致的，巷道垮落使巷道的轴比发生改变，从而使得围岩内的应力重新分布。虽然这个平衡被打破了，但其自身还具有自组织功能。

（5）郑雨天以新奥法为发展基础提出了联合支护的围岩控制理论。该理论的主要观点：对于巷道围岩控制，采取的控制措施不能只强调支护强度或者支护刚度的作用，要先让后抗，先柔后刚，让柔适度，支护合理。由联合支护理论而提出的联合支护方式主要有锚网喷支护方式、锚网喷架支护方式、锚网带架支护方式、锚喷带架支护等支护方式。

（6）围岩的松动圈理论主要由董方庭提出的。该理论的主要内容为巷道的变形与围岩松动圈有关，巷道围岩松动圈越大，位移变形就越严重，从而对支护的要求也就越高。所以，保证围岩松动圈不发生较大的变形是巷道支护的主要目的。

（7）还有学者强调了锚杆支护设计的原则：高强度、低支护密度、高预紧力、高可靠性等。其优势主要体现在：即使处于应力状态较为恶化的环境下，当采用的是高强度和高可靠性的锚杆时，可以保证对巷道围岩的支护作用，从而使巷道围岩不破坏，维持巷道围岩的稳定；在保证安全开采的基础下，低支护密度的原则是保证巷道开挖速度的高效率及集约。现阶段很多煤矿巷道都采用高强度、高预紧力锚杆支护系统。在改善巷道围岩的受力状况、防止巷道围岩离层和片帮、减少巷道围岩的初期变形量、使锚杆支护系统能够及时承载等方面，高预紧力支护系统的支护优势可以得到充分的发挥。

巷道围岩中顶底板和两帮是一个有机整体，尤其综放沿空掘巷经过上区段工作面回采挠动和掘巷后围岩应力的重新分布，窄煤柱和顶煤强度较小，节理发育，承载能力小，稳定性差是沿空掘巷“小结构”中最薄弱的环节。在综放沿空掘巷巷道支护中，首先需要做到巷道成形后及时支护。在此前提下要研究基本顶不同断裂方式下综放沿空掘巷顶煤锚杆支护技术、实体煤帮支护技术、窄煤柱支护技术、底板支护技术。

2. 顶煤锚杆支护技术

根据力学模型可以看出，基本顶不同断裂位置对巷道顶煤或直接顶应力影响不同。其中当断裂位置在巷道正上方时，对顶板下沉量影响最大；当断裂位置位于窄煤柱外侧和实体煤壁内侧时，对顶板下沉量影响小。上区段工作面回采后，关键岩块发生旋转，关键岩块将自身重力和上覆载荷中的一部分作用力作用在顶煤和直接顶上，直接影响其力学性能。要使顶煤和直接顶围岩稳定，确保其能够和关键岩块整体旋转下沉，形成一个稳定结构，需要满足以下条件。

1）采用高强度锚杆支护系统

综放沿空掘巷顶板或者顶煤在巷道成形后，裂隙发育，随着关键岩块整体发生了一定的旋转下沉，整体承载性能下降。在旋转和下沉的过程中，顶煤和岩层间发生了一定的滑移或者离层，锚杆支护的过程中需要受到较大的轴向力和剪切力。因此，在类似地条件下，巷道顶煤需采用高强度锚杆支护系统，保证杆体具有较大的刚度与强度，能够承受较大的围岩载荷。为了锚固段有一个稳定的着力点，锚杆的长度取 2.2 ~ 2.5 m。当断裂位置在巷道正上方时，锚杆安装需要合理的角度，避免锚固段在关键岩块断裂处。锚索尾端尽可能布置在具有承载能力的稳定岩层中，并且在顶板和两帮铰接处布置高强度锚杆。为了更好地体现锚杆支护系统的优势，配套使用合理规格的金属网、W 钢带或钢筋梯子梁，可防止破碎煤体和岩体冒落，同时也保证了锚杆具有稳定的外部受力点，整体提高了锚杆支护系统性能。

2）采用合理的锚固方式

由于顶煤和顶板裂隙发育，树脂药卷与围岩的黏聚力下降，不能够施加高预紧力，因此需要加长锚杆与围岩的锚固段长度。分析锚杆的锚固方式可以发现，端头锚固着力点发生松动后会影响整体的锚固效果，因此顶煤适合采用加长锚固和全长锚固。

3）采用高预紧力

高预紧力可以体现出锚杆的主动支护，有效遏制巷道围岩掘进期间和回采期间的围岩变形，同时经锚固后，顶煤的整体承载性能较好，防止大面积冒顶。

3. 实体煤帮锚杆支护技术

由数值模拟计算分析可以看出，基本顶不同断裂位置对巷道实体煤壁侧应力影响不同，当直接顶高度为 0 m、5 m、10 m 时，断裂位置对实体煤壁侧影响程度由大到小依次为实体煤壁内侧、窄煤柱外侧、巷道正上方。但是整体呈现出是实体煤壁侧应力集中且范围大。上区段工作面回采后，围岩应力集中距实体煤壁侧一定距离，虽然实体煤壁侧煤体整体性较窄煤柱好，但是窄煤柱位于应力降低区，巷道实体煤壁侧的围岩变形较窄煤柱侧大。实体煤壁侧是顶煤和基本顶的主要承载体，如果实体煤壁侧巷道围岩变形较大，将会引起承载能力和稳定性的降低，威胁巷道的整体围岩安全。因此，为了保障实体煤壁侧围岩稳定锚杆支护需要满足以下要求：

（1）采用高强度、大延伸率的锚杆支护。受上区段工作面回采后应力集中影响，实体煤壁侧一直处于高应力状态，为了能够在支护过程中，巷道围岩变形小而且能够合理变形卸压，锚杆需具有高强度、大延伸率的性能。由数值模拟发现，实体煤壁侧 1 m 左右煤壁已发生了拉伸破坏，应力集中区的峰值点一般距离实体煤壁侧 6 ~ 10 m，因此需要加长锚固体的长度，锚杆长度一般选择 2. 0 ~ 2. 2 m，锚索长度一般选择 4. 2 ~ 6. 2 m。应根据实体煤壁侧的应力集中区域的位置决定锚索长度必选大于应力集中区域到煤壁侧的距离。围岩表面的破坏使得锚杆没有着实的着力点，因此需要配套使用合理规格的金属网、W 钢带或钢筋梯子梁。

（2）采用树脂药卷加长锚固方式。分析加长锚固可以发现，锚杆具有高强度的锚固力，同时还具有较高的延伸率，在施工过程中容易操作，因此锚固方式选择为加长锚固。

（3）采用高预紧力。高预紧力可以体现出锚杆的主动支护，有效遏制巷道围岩掘进期间和回采期间的围岩变形，同时经锚固后，实体煤壁侧整体性能较好，有效防止片帮。

4. 窄煤柱锚杆支护技术

由数值模拟计算分析可以看出，基本顶不同断裂位置对窄煤柱应力影响不同，但是窄煤柱整体应力集中，尤其是窄煤柱采空区侧破坏范围大，因此在上区段工作面回采前就加强实体煤壁侧支护。上区段工作面回采后，上区段顺槽侧即窄煤柱的采空区侧虽然经过支护但是还是发生了大面积的破坏，同时窄煤柱在围岩应力重新分配后，裂隙发育，承载能力小。为了增强窄煤柱整体性能，支护需满足以下几点：

（1）采用高强度螺纹钢锚杆支护，提高支护强度。在采动支承压力作用下，综放沿空掘巷围岩结构中窄煤柱破碎，向巷道及采空区的位移量均较大，选择合理的窄煤柱宽度，可以保持窄煤柱中部位移量较小，窄煤柱表面与中部的位移差值较大，因而窄煤柱破碎煤体的剧烈变形对锚杆支护的作用力较大。数值模拟结果和现场实测表明，提高锚杆支护强度使窄煤柱破碎煤体残余强度得到强化，提高窄煤柱的整体承载能力，有效控制综放沿空掘巷围岩变形。

（2）采用树脂药卷全长锚固或加长锚固。由于窄煤柱在工作面采动影响期间极为破碎，采用端头锚固方式锚固力会急剧下降，丧失支护作用；采用全长锚固或加长锚固，提高锚杆锚固力的可靠性，在大变形时锚杆的锚固力大于其破断载荷，保证锚杆支护强度不因锚固方式而受影响。

(3) 采用高预紧力。采用高预紧力提高破碎煤体的力学参数，防止窄煤柱强度过早弱化，提高其承载能力。

(4) 加强护帮能力。窄煤柱比较破碎，尤其是关键岩块旋转后对窄煤柱造成不可避免的变形。为防止锚杆之间的煤体冒落，采取一些辅助支护措施，如钢筋梯子梁与金属网配合。梁及网应具有较大的强度，能为窄煤柱提供可靠的护表能力，保证窄煤柱有较高的稳定性。

5. 控制底板稳定的支护技术

综放沿空掘巷在掘进期间的底鼓量比较小，在回采期间底鼓量比较大，有时底鼓量占顶底板移近量的50%以上，靠近实体煤一侧底鼓量大于靠近窄煤柱一侧。另外，沿空巷道大都作为回风巷使用，采动影响范围一般在超前工作面20 ~ 40 m的距离，因此一定范围内的底鼓量不会影响巷道的正常使用。

目前控制该类巷道底鼓的主要技术如下：

(1) 要加强顶煤支护，保持顶煤完整性，将压力向实体煤体内部转移，减小实体煤帮和底板载荷。加强实体煤帮支护，减少实体煤帮的横向位移，减小实体煤帮对底板的附加水平力，从而减小巷道的底鼓量。

(2) 增加锚固体的厚度和支护强度可以增加煤岩承载能力，增加顶板、实体煤壁侧、窄煤柱煤岩体的整体性，减小三者对巷道底板的作用力。

(3) 底板稳定性支护技术中，可以在距离实体煤壁侧和窄煤柱0.5 m处各开挖宽0.3 m、深1 ~2 m卸压槽，减小实体煤帮对其垂直应力的影响。同时，及时处理巷道积水，减小水对底板岩层强度的弱化，保证底板岩层的强度。

8.4 围岩变形破坏机理分析

沿空掘巷是指完全沿采空区边缘或仅留很窄的煤柱掘进巷道，其掘进位置一般刚好处于煤帮的残余支承压力峰值下。沿空掘巷因具有提高煤炭资源采出率、降低瓦斯灾害发生、减少巷道维护成本等优点，在我国得到了广泛应用。

近年来，我国学者针对沿空掘巷稳定性影响因素、窄煤柱宽度、偏应力分布规律、围岩变形与控制等问题均作了相关研究。侯朝炯等对沿空掘巷在巷道掘进期间及工作面回采中围岩大结构与小结构的变形破坏特征进行了分析研究。李学华等总结了影响沿空掘巷窄煤柱变形与破坏的主要因素及不同因素影响下窄煤柱的变形破坏特征，利用FLAC分析了各因素对窄煤柱变形破坏的主要影响效果。王德超等以深部厚煤层沿空掘巷为背景，通过侧向支承压力实测与数值模拟确定了窄煤柱最佳留设宽度。华心祝等分析了孤岛工作面沿空掘巷时的超前支承压力分布与巷道围岩变形情况，并基于分析结果对支护参数与加固参数进行了优化设计。李磊等对沿空掘巷窄煤柱的合理留设宽度进行分析，通过理论计算得出在上工作面基本顶未运动结束和运动结束两种情况下沿空掘巷过程中巷道的变形量。谢生荣等探讨了不同埋深下沿空巷道围岩主应力差分布特征以及塑性区的变化规律，同时针对巷道两帮分析了主应力差的演化规律。何富连等用数值软件模拟了埋深 715 m 下沿空掘巷煤柱宽度 5 ~ 15 m 变化过程中围岩主应力差的演化规律。

8.4.1　沿空掘巷分类

沿空掘巷是我国无煤柱护巷的主要形式之一，但在生产实际中，由于各种影响因素制约，受力状态和围岩变形有一定的差别，并且巷道布置形式不尽相同。针对不同条件下沿空掘巷进行分类研究，对制定不同条件下的围岩控制对策具有重要意义。根据煤层赋存情况、地质条件及所采取的技术措施不同，沿空掘巷主要有四种分类方式，即完全沿空掘巷、留窄煤柱沿空掘巷、沿尚未稳定的采空区边缘掘巷、保留部分老巷断面沿空掘巷。

1. 完全沿空掘巷

完全沿空掘巷是上区段工作面采空区稳定后，紧贴上区段废弃的巷道，在煤层边缘煤体内重新开掘沿空巷道的布置形式。沿空掘巷时，虽然围岩应力处于重新分布的过程中，会引起巷道顶板及煤帮发生明显变形，但变形量较小，一般不会影响巷道的掘进及正常使用。但掘进沿空巷道时，巷道上帮岩体松散易破碎，而且由于沿空巷道一侧为采空区，极易产生相邻工作面采空区窜矸、透水、漏风、残留煤炭自燃、瓦斯积聚等安全隐患，会严重影响沿空巷道的正常施工和使用。此外，采空区边缘煤岩体较破碎、稳定性较差，因此其应用范围受到很大的限制，而且巷道掘进时支护难度较大，故在实际生产中完全沿空掘巷这种方式应用较少。

2. 留窄煤柱沿空掘巷

留窄煤柱沿空掘巷就是在相邻工作面开采后，在沿空巷道与采空区之间留设一段 3 ~ 8 m 的窄煤柱。在我国煤矿中最常应用的沿空掘巷方式就是留窄煤柱沿空掘巷。留窄煤柱沿空掘巷不仅显著提高了煤炭资源回收率，还有利于提高掘进速度。而且，沿空巷道有效地避开了支承压力峰值区，同时能起到隔离采空区、挡矸、防水、防漏风等作用，解决了完全沿空掘巷需要设置巷旁支护等问题，具有可观的技术经济效益。随着采煤工艺及支护技术的不断发展，留窄煤柱沿空掘巷技术应用不断成熟。

3. 沿尚未稳定的采空区边缘掘巷

相邻工作面采空区岩层活动已经稳定是沿空掘巷受力和维护状况比沿空留巷优越的先决条件。但如果沿尚未稳定的采空区边缘掘巷，无论是否留设煤柱，维护状况都比沿稳定的采空区边缘掘巷困难得多，即使护巷煤柱的宽度较大，掘巷期间的围岩变形量也会很大，不仅造成资源浪费，而且巷道维护也比较困难。而且，在本工作面回采时，由于受超前支承压力的影响，巷道变形更为严重，有时候甚至需要后期扩帮才能满足通风、行人和运输的要求，一定程度上增加了煤炭开采成本，甚至具有安全隐患。

4. 保留部分老巷断面沿空掘巷

还有一种沿空掘巷的形式即保留部分老巷断面的沿空掘巷，基本布置形式是留一条巷道、掘一条巷道。由于这种沿空掘巷方式巷道的维护费用和材料成本较高，所以在实际生产中，这种沿空掘巷的方式在煤矿上运用的很少，一般都会用沿空留巷或大断面沿空掘巷代替。由于受到诸多条件制约，在实际现场中完全沿空掘巷及保留部分老巷断面沿空掘巷方式应用较少，而留窄煤柱沿空掘巷由于其优点在实际中应用的最多，留窄煤柱沿空掘巷已经成为很多煤矿回采巷道的布置趋势。

8.4.2 围岩变形破坏的主要原因

1. 高应力状态下的低围压和高应力差影响

当巷道埋深达到 800 m 左右时，由于受到高原岩应力的影响，巷道围岩所承受的垂直应力和水平应力都很大，应力状态复杂，围岩变形大，冲击地压及煤与瓦斯突出的现象都会增加。根据摩尔－库仑准则和格里菲斯准则，主应力差和岩体自身强度是决定岩石材料变形破坏的最主要因素。对于深部巷道，由于巷道处于高应力状态下的低围压和高应力差环境中，有利于裂隙的形成和发展，使岩体结构面张开、滑移，导致岩体强度和弹性模量降低，使巷道向不利于稳定的方向发展。然后在本工作面采动的进一步影响下，沿空巷道围岩变形也进一步发展，将导致巷道失稳、破坏。

2. 巷道围岩松软破碎，承载能力低

由于高地压或构造应力的影响，使得深井巷道支护体中较为薄弱的结构出现变形破坏，支护体内的岩石松动，形成危险岩层。加之煤层与巷道顶底板及两帮的岩层强度不一，使危岩的范围不断增加，形成破碎区并向纵深发展，导致锚固围岩承载体破坏，约束围岩的能力变低，巷道支护体发生破坏，从而引起巷道围岩变形。

3. 支护结构不合理

（1）顶板支护强度不足，容易发生弯曲下沉，严重的甚至发生离层。而且，有时候顶底板岩层具有一定的膨胀性，容易发生遇水崩解、软化，但采用的支护手段通常不能及时对围岩进行封闭，造成巷道开掘后围岩遇水崩解、软化，强度降低，使塑性区范围扩大。

（2）底板不进行支护。底板是设计支护时容易忽视的地方，通常是不进行处理或只有当底板鼓起后才进行落底处理。对底板支护强度不够，采用的支护方式就难以承受巷道围岩的变形能力，造成顶底板及两帮围岩进一步松动变形，最终可能导致巷道失稳破坏。

8.5 围岩控制对策研究

8.5.1 锚杆与围岩的相互作用关系

合理的支护方式是安全开采的前提，支护结构与围岩是相互作用共同变形，或围岩变形传递到支护结构上跟着变形，所以合理的支护方式的选择至关重要。锚杆支护是现阶段最常用也是非常有效的支护方式。

1. 锚杆锚固机理

锚杆与围岩是相互作用的有机体，一般是当作一个整体来分析。锚杆支护的实质就是锚杆和锚固区域的岩体相互作用而组成锚固体，形成统一的承载结构。巷道围岩锚固体强度提高以后，可以减少巷道周围破碎区及塑性区范围，控制巷道围岩破碎区、塑性区的发展，从而有利于巷道围岩的稳定。

根据以往的研究结果，锚杆支护对破碎煤岩体的锚固机理主要体现在三个方面：一是提高锚固体的峰值强度和残余强度，提高锚固体峰值前后的内聚力和内摩擦角；二是通过锚杆的轴向作用使围岩由二向应力状态向三向应力状态转化，改善围岩的应力状态，同时通过锚杆的横向作用，阻止围岩沿裂隙等弱面发生相对滑动，提高弱面的抗剪能力，达到提高锚固体残余强度的目的；三是通过锚杆的锚固作用，在保持较大残余强度的同时，锚固体能有效控制围岩变形的发生，释放围岩变形能，降低锚固体的压力，使锚固体能适应深部沿空掘巷围岩变形较大的特点。

2. 锚固体破坏类型

锚固区域内的围岩、锚杆相互作用，两者的组合体称为锚固体。合理布置锚杆使巷道两帮及顶板的锚固体形成统一的整体承载结构，这个承载结构不仅能承担自身的重力及因变形而产生的变形压力，而且能够对外部围岩起到很好的支护作用，限制外部围岩变形，保持巷道稳定。锚杆支护与围岩的相互作用关系是沿空巷道围岩控制的重要内容。

岩石的破坏类型主要有两种：延性破坏和脆性破坏。延性破坏是指煤岩体承载能力随变形增大而增大直至发生破坏，延性对应于煤岩体的应变强化特性；脆性破坏指的是煤岩体承载能力随变形增大而减小直至破坏，脆性对应于煤岩体的应变软化特性。以往研究表明：在低围压时，岩石的破坏类型为脆性破坏；当围压较大时，岩石的破坏类型从脆性破坏向延性破坏转化。每种岩石都有一个临界围压值，煤层巷道围岩强度较小，临界围压值一般在 30 MPa 左右。

沿空掘巷受本工作面采动影响阶段,采用锚杆支护的沿空巷道通常在 1 ~2 m 范围内的围岩会发生松动,巷道支护所提供的支护强度一般小于 0.1 ~0.4 MPa，与围岩的临界围压值相差比较大，处于低围压状态，巷道支护不能改变破碎煤岩体的破坏类型，仍为脆性破坏。应变软化是破碎煤岩体的主要变形特征。

8.5.2　合理的围岩控制对策

1. 增加支护强度

新型“三高”锚杆（索）支护体系，即高强度、高刚度、高预紧力锚杆（索）支护体系。在基本顶弧形三角块结构的回转、变形和下沉的过程中，支护体与围岩性的小结构要适应上覆岩层大结构的给定变形，保证锚固体具较高强度，使破碎围岩残余强度得到强化，承受更大的载荷，可有效控制沿空掘巷围岩变形。高预紧力可以提高破碎围岩的力学参数，改变围岩应力状态，抑制围岩离层、结构面滑动和节理裂隙的张开，提高其承载能力，实现锚杆的主动、及时支护，有效地抑制围岩塑性破坏区的纵向发展，控制巷道围岩变形。

锚杆（索）的预紧力及锚固力不足是导致支护效果不佳的重要原因之一。预应力锚杆的应用，起到很好的围岩控制效果。预应力锚杆加固围岩的作用体现在：提供足够锚固力，抑制围岩早期变形，提高岩体的力学参数和结构的完整性；改善围岩应力场和岩体的受力状态。高强度锚杆支护体系和预应力锚索加强支护沿空掘巷，有利于巷道的稳定。

预紧力是锚杆主动支护中的重要因素之一，在锚杆支护系统中施加的预紧力通过托盘、钢带等配套构件在锚固区域扩散，扩大预应力的作用范围，提高锚固体的整体刚度和完整性，并且在锚杆安装施工过程中必须及时预紧才能保证锚杆的主动支护作用。高预紧力的锚杆支护能够实现支护体快速增阻，达到较高的工作阻力，使支护体快速达到工作状态，减小围岩初期变形，使锚固体内支护体与围岩相互作用，形成一个整体，共同对深部围岩起到承载作用，从而充分发挥锚杆主动支护的作用。

针对深部沿空巷道的变形特点，在沿空掘巷、强烈动压影响巷道、千米深井巷道及采空区留巷等巷道中采用高强度、高刚度锚杆支护技术，对于改善巷道应力场、有效控制巷道围岩的强烈变形取得良好效果。

2. 适当加大支护密度

由于沿空掘巷窄煤柱帮变形量大于实体煤帮变形量，为了提高窄煤柱帮部锚杆支护的时效性，可以通过增加锚杆的长度及适当加大支护密度来提高两帮的支护强度。适当增加锚杆的间排距，有利于提高支护效果。随着锚杆间距缩小，单根锚杆形成的压应力区逐渐靠近、相互叠加，锚杆之间的有效压应力区扩大并连成一体，形成整体支护结构，锚杆预紧力扩散到大部分锚固区域。同时支护密度要与锚杆的长度、强度、预紧力及支护体组合构件相匹配。

3. 注浆加固

煤矿提高围岩强度最常用的方法就是注浆加固措施。采用注浆加固沿空掘巷的破碎围岩，能显著提高破碎煤岩体的残余强度，改善围岩赋存环境，形成较为稳定的承载结构，有效地抑制锚杆锚固力随围岩变形量增加而减小。

注浆加固利用的是注浆、固结破碎区和发育间隙，注浆可以充填煤岩体裂隙空间并加固破碎围岩，使破碎围岩固结成一个整体，进而提高围岩的整体强度和承载能力，有利于巷道围岩的稳定。矿用注浆材料一般采用类水泥材料，与其他类似材料相比，具有成本低、流动性好、速凝可调、初期强度高等优点。

对于深井沿空掘巷，巷道围岩最先开始破坏的是窄煤柱，为了提高窄煤柱的承载能力和稳定性，通常进行补强支护的部位一般是沿空巷道窄煤柱帮，并且考虑到煤柱防火、防漏风等要求，一般采用注浆加固作为补强支护手段。为保证加固的可靠性，补强支护一般是在巷道受到采动影响之前进行。

锚注支护技术的应用，增加了注浆加固的效果。注浆加固可以为锚杆提供可靠的着力基础，使锚杆对围岩的锚固作用得以发挥，提高围岩强度及窄煤柱的承载能力及稳定性。通过采用锚杆与围岩注浆相结合的支护方式，可以使锚杆与注浆的作用得到充分发挥，提高巷道围岩支护效果，是一种高效的沿空掘巷围岩支护方式。

现阶段使用的注浆材料主要有水泥类的单液水泥浆和水泥、水玻璃双液浆；化学类的聚氨酯类、丙烯酰胺类、ZKD 高水速凝材料等。

4. 让压支护

当沿空掘巷围岩强度较低时，虽然采用锚梁网支护能够强化巷道围岩的强度，提高其承载能力，但顶板在长期高压的作用下，岩层始终处于三向压缩状态，支护体会遭到破坏。所以沿空掘巷围岩支护体除了具有较高的支护强度外，还必须具有较大的让压性能，以便使围岩变形的能量在让压过程中释放，从而避免支护体在高支承压力作用下遭到破坏。采用大变形高阻让压锚杆释放顶板部分高支承应力，控制了顶板不均匀下沉，保持了顶板结构的完整性。

5. 底鼓控制措施

沿空掘巷底鼓的主要控制措施：

（1）巷道是由顶板、两帮、底板构成的复合的结构体。提高顶板的稳定性，强化顶板支护，将顶板压力向实体煤帮深部转移，减小顶板及实体煤帮浅部载荷，从而减小顶板下沉量和顶板对两帮的压力，使载荷对底板影响减小。

（2）加固巷道帮角，提高两帮的承载力，减小两帮对巷道底板岩层施加的力。加固实体煤侧帮、角后，可提高底板的抗拉强度，增加实体煤侧底板围岩，使实体煤底板不易被破坏。同时阻止了向巷道内的塑性流动，有效控制回采巷道底鼓。

（3）在巷道底板尤其是底角打上锚杆，可以提高围岩的强度，减少巷道底鼓量，阻止或者减小塑性区的发展，对维护巷道围岩整体稳定性具有重要作用。

8.6 围岩控制设计

深部综放大断面沿空巷道控制技术在兖矿集团东滩煤矿 1306 轨道顺槽进行实践，该顺槽的地质条件和工程技术概况如下：

1. 基本概况

1306 轨道顺槽位于 -660 m 水平，属于一采区，地面标高 +46.38 ~ +50.34 m，井下标高在 -516.5 ~ -576.4 m。巷道南邻 1305 综放面采空区，北邻 1306 综放面。

2. 地质条件

1306 轨道顺槽西段在 3 煤中沿底板掘进。煤层结构复杂，3 煤发育两层夹矸，一层距煤层底板之上 5.50 ~ 5.80 m，为厚 0.02 ~ 0.03 m 的粉砂质泥岩夹矸；另一层距煤层底板之上 2.90 ~ 3.90 m，为厚 0.3 ~ 0.5 m 的粉砂岩或泥岩夹矸，西厚东薄。3 煤平均厚度 8.80 m，$f=2\sim3$，沉积稳定，厚度变化较小。直接底为粉砂岩，厚度 1.00 ~ 2.65 m，$f=4\sim6$；直接顶为粉砂岩，厚度 0 ~ 11.64 m，$f=4\sim5$；3 煤基本顶为中、细砂岩，厚度 14.35 ~ 23.34 m，$f=5\sim7$；1306 轨道顺槽煤岩层综合柱状图见表 8-1。

表8-1 1306轨道顺槽煤岩层综合柱状图

地层	岩石名称	厚度/m	岩性描述
基本顶	中、细砂岩	14.35～23.34 / 18.18	浅灰-灰白色，以石英为主，含少量长石及云母碎片，钙质胶结，坚硬，局部发育张裂隙。f=5～7
直接顶	粉砂岩	0～11.64 / 6.43	深灰色，性脆，泥质胶结，富含植物根茎化石，下部含少量菱铁矿结核。f=4～5
煤层	3煤	8.2～9.45	黑色，油脂光泽，内生裂隙发育，参差状断口，条带状结构，以暗煤为主，夹镜煤条带；煤层结构复杂，发育两层夹矸；厚度8.20～9.45 m，平均8.80 m；f=2～3，煤层沉积稳定，厚度变化较小。
直接底	粉砂岩	1.00～2.65 / 1.88	深灰-灰黑色，顶部富含黏土质及植物根茎化石，底部含砂质，夹细砂岩，中下部富含植物叶部化石。f=4～6
基本底	中、细砂岩	9.08～18.99 / 12.78	灰白色，硅质胶结，致密、坚硬，以石英为主，富含黑色矿物及菱铁质颗粒，下部浑浊层理发育。f=6～7

根据2010年的鉴定，开采3煤时矿井瓦斯等级为低瓦斯矿井，相对瓦斯涌出量为0.03 m^3/t，绝对瓦斯涌出量为0.17 m^3/min。3煤的自然发火期一般为3～6个月。煤尘具有爆炸危险性，爆炸指数为37.42%。-520～-660 m水平地温为26.6～30.4 ℃，平均28.5 ℃，地温正常。3煤层具有弱冲击地压倾向性。

巷道掘进过程中的直接充水水源为3煤顶底板砂岩水和1305采空区老空水。1306轨道顺槽为沿空掘进，相邻的1305采空区运输顺槽侧比轨道顺槽侧的相对位置高，因此沿空掘进侧采空区基本不具备积水条件。根据1304、1305工作面顺槽掘进已揭露的水文地质条件，由类比法分析，预计掘进过程中最大涌水量为30.0 m^3/h，正常涌水量为10.0 m^3/h。

3. 采掘概况

1306 轨道顺槽西段在 3 煤中沿底板掘进，1306 轨道顺槽施工采用综掘工艺，使用 EBZ150 掘进机配合两部 DSJ80/2 ×40 带式输送机及一部 SGB - 620/40 T 刮板输送机出煤，使用上部带式输送机出煤，下部带式输送机运送物料。巷道掘进采用“四六”制组织生产，一班检修，三班生产。每个循环进尺 0. 8 m，每月平均掘进 316 m。

1305 和 1306 采煤工作面均采用综采放顶煤工艺，采用 MG610/1400 - WD 电牵引采煤机割煤，前、后部刮板输送机均采用 SGZ - 1000/1400 型号，支架 ZF7200/20/40 型，排头支架 ZFG10000/22/42 型。采煤工作面割煤高度为 3. 4 m，采放比为 1 ：1. 59。放煤采用分段多轮顺序放煤，一刀一放，放煤步距 0. 75 m。

根据 1305 轨道顺槽的揭露资料，预计 1306 轨道顺槽掘进时会遇到多条小型正断层，断层区域煤（岩）层受力挤压、变形、易碎且产状变化较大。

根据深部综放大断面沿空巷道的围岩控制原则，结合东滩煤矿 1306 轨道顺槽的地质条件及技术条件，进行巷道围岩控制设计。内容包括小煤柱尺寸确定、断面尺寸及支护参数设计、工作面超前支护设计。设计完成后，进行现场施工。

8. 6. 1 巷道支护方式的确定

依据数值模拟和理论分析的结果，结合 1305 工作面回采巷道的矿压显现特点，1306 轨道顺槽采用沿空掘巷方式，小煤柱宽度最终确定为 3. 3 ~3. 7 m，如图 8 -6 所示。

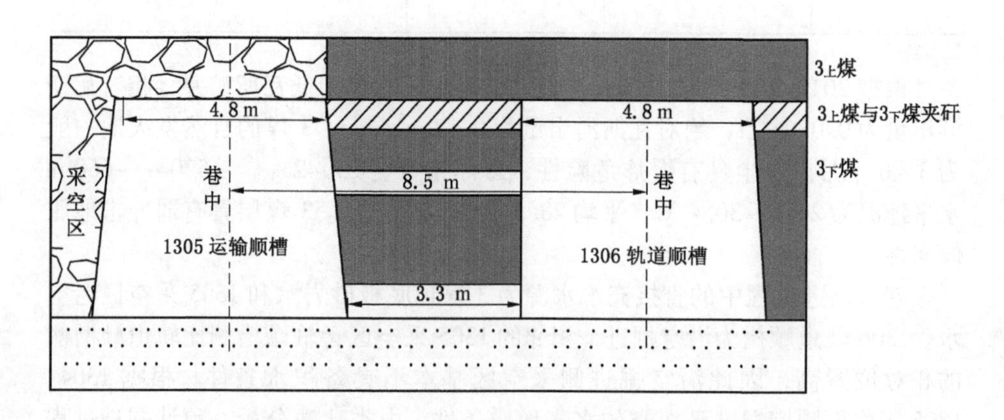

图 8 -6 1306 工作面回采巷道位置关系示意

8.6.2　巷道支护参数设计

1. 断面尺寸

1306 轨道顺槽采用梯形断面，巷道顶板沿 $3_上$ 煤与 $3_下$ 煤夹矸上平面掘进，净高不低于 3800 mm。当 $3_下$ 煤及夹矸厚度小于 3.8 m 时，破 $3_上$ 煤，沿 $3_下$ 煤底板掘进，巷道高度不低于 3.8 m；当 $3_下$ 煤及夹矸厚度为 3.8 ~ 4.5 m 时，沿夹矸上平面和 $3_下$ 煤底板掘进；当 $3_下$ 煤及夹矸厚度大于 4.5 m 时，底板留底煤控制巷道高度 3.8 m。巷道实体煤侧一帮 87°扎角，沿空帮 90°扎角，下底净宽度 5.0 m，上底净宽度 4.8 m；净断面面积 $S_{净}=18.62\ m^2$；巷道掘进高度 4.0 m，下底掘进宽度 5.2 m，上底掘进宽度 5.0 m，掘进断面面积 $S_{掘}=20.4\ m^2$。断面如图 8 -5 所示。

2. 断面支护

本巷道设计采用锚网带与锚索联合支护方式，下面分顶板、实体煤帮、小煤柱三个方面进行控制设计并分别说明支护方式和参数。

1）顶板控制

（1）顶板锚杆。每排布置 7 根 ϕ22 mm × 2400 mm 的左旋无纵筋螺纹钢锚杆，杆体强度为 KMG500，每根锚杆用 CK2570 树脂锚固剂两支，端部使用 60 mm × 60 mm × 10 mm（长 × 宽 × 厚）铁托盘一块。锚杆间距 750 mm，排距 800 mm。钢带两端头锚杆与水平成 75°夹角斜向上安设，其他顶锚杆垂直顶板安设。

（2）顶板锚索。距巷中左右 750 mm 各布置一排锚索，锚索排距 1600 mm。锚索尺寸为 ϕ22 mm × 8500 mm，锚索用钢绞线制成，每根锚索使用 CK2550 树脂锚固剂一支，CK2570 树脂锚固剂两支，端部使用一块 250 mm × 250 mm × 18 mm 碟形钢托盘。锚索滞后迎头不大于 4 m 打孔注浆，顶板破碎及煤炮频繁时紧跟迎头打孔注浆。

（3）顶板钢带。巷道顶部使用长 4800 mm（七组孔）的两端头眼孔为滑孔的梯形钢带，孔距 750 mm。

（4）顶板金属网。顶板挂设金属菱形网，采用 8 号镀锌铁丝制作的菱形网，网格为 50 mm × 50 mm（长 × 宽），相邻两片网之间要用 12 号双股铁丝连接。网间搭接 50 ~ 100 mm，连网扣布置在菱形网的锁边向里的第一个十字绞点上，每隔一个十字绞点连一扣，拧扣不少于三圈。

2）小煤柱加固

（1）帮部锚杆。每排布置 5 根 ϕ20 mm × 2000 mm 的全螺纹钢锚杆，杆体强度为 KMG400，每根锚杆用两支 CK2550 树脂锚固剂，使用一块规格为

150 mm×150 mm×10 mm 的弧形铁托盘。钢带向下不大于 200 mm 为第一根锚杆，两帮第一根锚杆与水平成 15°~25°仰角安设，第二根至第四根锚杆垂直煤壁打注，锚杆上下间距 800 mm，第五根锚杆斜向下与水平成 15°~20°俯角打注，距底板不超过 500 mm，保证锚杆托盘压紧金属网。施工中每循环架一排钢带（排距 800 mm），两帮上部两根锚杆一排一打，第三根锚杆可滞后迎头两排打孔注浆，第四根锚杆可滞后迎头三排打注，第五根锚杆可滞后迎头六排打注，当帮部煤壁松软、片帮时紧跟迎头打注。

（2）沿空帮补强支护。沿空帮在相邻的正常支护锚杆中间分别隔排插花布置锚索，锚索排距均为 1600 mm。沿空帮顶板向下 500 mm 按 25°~35°仰角打注一根 5 m 长锚索，在帮部中间位置垂直煤壁打注一根 3.5 m 长锚索。锚索采用钢绞线制成，直径为 22 mm，使用 CK2550 树脂锚固剂一支，CK2570 树脂锚固剂两支，帮部锚索使用一块 250 mm×350 mm×18 mm 碟形钢托盘，一块预紧力不低于 80 kN 的弧形压力碗。帮上部锚索滞后迎头不大于 4 m 打注，下部锚索滞后迎头不大于 30 m 打注。

（3）帮部金属网。巷道帮部挂设金属菱形网，帮部两肩窝至夹矸下平面以下 300 mm 范围敷设双层金属网。帮网材质、网格尺寸及连接方法和要求与顶网相同。

（4）喷射混凝土。在轨顺巷道沿空帮及顶板 0.5 m 范围进行喷浆封闭，喷浆厚度为 50 mm，喷浆要求严密、无孔洞。混凝土标号 C20，质量配合比为水泥：砂子：石子=1：2：2。喷浆过程中，应不断调整喷头与受喷面的距离、角度，以减少喷浆料的回弹，喷头与受喷面的距离以 0.8~1.0 m 为宜。喷射时，喷浆机的供风压力 0.2 MPa 左右，水压应比风压高 0.1 MPa。喷射过程中应根据出料量的变化及时调整给水量，水灰比控制在 0.4~0.5 之间，要使喷射的湿混凝土无干斑，无流淌，粘着力强，回弹料少，同时应注意反复喷射均匀，确保封堵密实，无缝隙、孔洞。喷射过程中，如发生停风或堵管现象时，应将喷头立即下垂，防止水倒流入管，及时停电停风。人工卸料时，速凝剂均匀掺入混合料内。根据不同区域的喷射要求，控制好速凝剂掺入量，速凝剂的掺入量为水泥质量的 3%~5%，喷顶取上限。

3）实体煤帮支护

（1）帮部锚杆。帮部锚杆布置方式和小煤柱帮相同。

（2）实体煤帮支护。根据一采区已有沿空轨道顺槽的观测结果，巷道受超前支承压力的影响，变形量大，尤其是两帮变形。因此，在巷道实体煤帮补打长锚索进行加强支护。

在实体煤帮一侧布置2根ϕ22 mm×8500 mm的长锚索。实体煤帮上部锚索位于顶部锚杆下方500 mm，按照15°~25°仰角施工，锚索安装应保证穿过顶板夹层。中部锚索位于实体煤帮第三根锚杆下方350 mm处，垂直煤壁方向施工，每隔两排锚杆布置一根锚索，即排距为1600 mm。锚索由钢绞线制成，每孔采用两支CK2570、一支CK2550树脂药卷加长锚固，预紧力不得低于80 kN，锚固力不低于200 kN，以保证锚固效果。同时，每根锚索装配一个让压环，提高锚索的控制变形能力。

（3）实体煤帮金属网。实体煤帮金属网布置方式和小煤柱帮相同。

1306轨道顺槽试验断面支护材料参数见表8－2，1306轨道顺槽支护面如图8－7所示。

表8－2　1306轨道顺槽支护材料参数

<table>
<tr><th>名　称</th><th>规　　格</th><th>支护方式</th><th>巷道设计参数</th></tr>
<tr><td>顶、帮网</td><td>8号铁丝</td><td></td><td>锚网带与锚索联合支护</td></tr>
<tr><td>顶锚杆</td><td>ϕ22 mm×2400 mm</td><td>断面</td><td>直角梯形断面
$S_{净}=18.62\ m^2$
$S_{掘}=20.4\ m^2$</td></tr>
<tr><td>帮锚杆</td><td>ϕ20 mm×2000 mm</td><td>掘进层位</td><td>巷道底板沿$3_{下}$煤底板掘进</td></tr>
<tr><td>顶部锚索</td><td>ϕ22 mm×8500 mm</td><td rowspan="4">空顶距</td><td rowspan="4">中间最大空顶距950 mm
（两肩窝1000 mm）
最小空顶距0</td></tr>
<tr><td rowspan="2">小煤柱帮锚索</td><td>ϕ22 mm×5000 mm</td></tr>
<tr><td>ϕ22 mm×3500 mm</td></tr>
<tr><td>实体煤帮锚索</td><td>ϕ22 mm×8500 mm</td></tr>
<tr><td>梯形钢带</td><td>4800 mm</td><td>排距</td><td>750 mm±50 mm</td></tr>
<tr><td>沿空帮喷射混凝土</td><td>混凝土标号C20
配合比为
水泥：砂子：石子=1：2：2</td><td>喷层厚度</td><td>50 mm厚；
沿空帮及顶板0.5 m范围内</td></tr>
</table>

8.6.3　巷道支护实施

1. 临时支护

按设计要求截割出巷道轮廓，然后找净顶帮活矸危煤；挂设顶网，人工托起钢带及顶网，及时窜前探梁，然后用木刹把前探梁与吊环刹实，并使钢带和顶网紧贴顶板，同时挂帮网。移动前探梁时提前在需要移动前探梁的前方安装

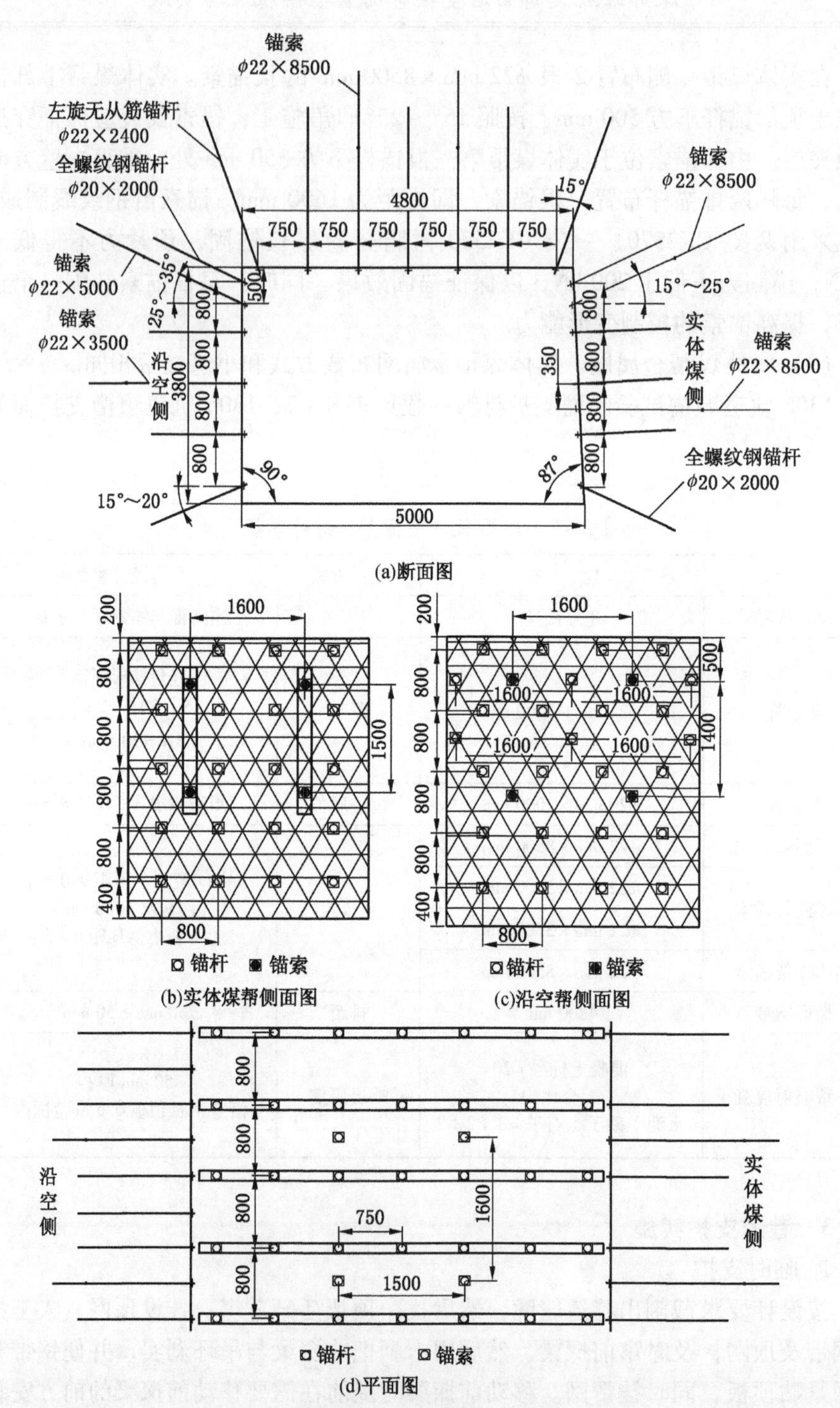

图 8－7　1306 轨道顺槽支护（单位：mm）

好备用的吊环，前探梁移动到位确认吊环固定可靠后，立即调整前探梁末端铁链生根点。铁链挂钩生根在与前探梁自由窜动的反方向顶部金属网的十字交点上，并尽量拉紧铁链。在移动前探梁时，要从外向里在支护完好的情况下进行，班中要经常检查前探梁及吊环的结构牢固情况，有无裂纹、开焊、损坏等，发现问题要及时更换。临时支护完毕，使用掘进机出煤后进行永久支护。

永久支护必须使用防护网，在迎头顶网下超前多挂两片与顶网同样规格的网子，并与支护完好的顶网连接在一起。具体使用方法如下：

（1）每个循环截割完毕，严格执行敲帮问顶制度，必须使用手柄长度不小于 1800 mm、由 ϕ18 mm 钢管加工而成的一端为尖钎、另一端为扁钩的专用铁质找顶工具或手柄长度不小于 1200 mm 的木柄手镐找净顶板及两帮活矸、危煤。

（2）找实顶板及两帮后，将超前挂设的顶网放下来。

（3）托起自然下垂的防护网上部第一片网，人工窜前探梁直至迎头，使自然下垂的防护网紧贴迎头煤壁。

（4）上钢带并用连网丝将顶网与防护网连接成一体，并在第二片网下及时连接第三片顶网，确保临时支护可靠有效。

（5）出煤后，在自然下垂的防护网下部，用风煤钻在迎头煤壁以俯角（20°～30°）打注至少 3 根深度不小于 900 mm 的锚杆孔，确保防护网距巷道两帮 800～1100 mm 位置、中间位置各布置一个锚杆孔。

（6）在孔内插入固定防护网的 ϕ20 mm × 1000 mm 的短锚杆，将防护网与煤壁压实，锚杆压住超前顶网的下部，防护网架设完毕。

（7）防护网架设完毕后，进行永久支护作业。

（8）永久支护施工完毕质量合格后，再次敲帮问顶。放出防护网内堆积的矸石、煤块，并拉出迎头煤壁下部压防护网的锚杆。

（9）将超前顶网向上掀起，用钩子挂在支护完好的顶网上，使整个防护网尽可能的紧贴巷道顶板，进行下一循环作业。

（10）每片超前顶网之间的搭接不小于 100 mm，临时连网扣间距不大于 500 mm，且每扣不少于三圈。防护网的底部要求紧贴迎头浮煤上面。

2. 打注顶部锚杆

出煤后，两人配合作业。一人操作风动锚杆钻机，一人更换及安装 B19 mm 中空六棱钢钎及 ϕ28 mm 钻头打设钻孔，孔深 2.3 m。顶部锚杆孔打设完毕后，清孔，将两支 CK2570 锚固剂装入孔中，并用串好托盘的锚杆慢慢将锚固剂推入孔底。锚杆外端通过螺帽、连接套与风动锚杆钻机连接，开动钻机搅拌锚固剂，边搅拌边推进，直至将锚杆推入孔底，搅拌 20 s，停机 20 s，继续开动钻机，直至将螺帽上的阻尼片打掉、塑料垫圈压扁挤坏，达到设计预紧力后，撤下钻具。

3. 打注帮锚杆

两人或多人配合作业，一人操作风煤钻，一人负责使用 B19 mm 中空六棱钢钎、ϕ28 mm 钻头点眼。施工帮部 ϕ20 mm × 2000 mm 锚杆时孔深 1.9 m，施工帮部最下部超高锚杆及压网锚杆时孔深 0.9 m。

打两帮上部第一根、第二根锚杆的锚杆孔，清孔完毕后，将锚固剂装入孔中，用锚杆将锚固剂推入孔底。锚杆外端通过螺帽、连接套与钻机连接，开动钻机搅拌锚固剂，边搅拌边推进，直至将锚杆推入孔底。搅拌 20 s，托盘紧贴煤壁；停机 20 s 后，用风动扳手紧固锚杆螺帽，直至达到规定预紧力。

打注两帮下部锚杆：截割出煤后打注两帮下部锚杆，打注方法同两帮上部锚杆。顶部、帮部锚杆打注完毕后进入下一循环。

4. 顶部锚索施工

两人配合作业，一人操作风动锚杆钻机，一人更换及安装 B19 mm 中空六棱钢钎及 ϕ28 mm 钻头打设钻孔，孔深 8.3 m。钻孔施工完毕后将一支 CK2550、两支 CK2570 药卷放入孔中，用锚索将药卷缓缓推入孔底。用锚索连接套与锚索连接，插入锚杆钻机套头中，开动锚杆钻机搅拌锚固剂，边搅拌边推进，直至将锚索推入孔底，搅拌 20 s，停机 20 s，然后撤下锚杆钻机。锚索打注 10 min 后，依次安装锚索专用托盘、预应力垫片、锁具，然后张拉预紧，以压平弧形压力碗为原则，确保预紧力不小于 80 kN。

5. 打注帮部锚索

两人或多人配合作业，一人操作风煤钻，一人负责使用 B19 mm 中空六棱钢钎及连接套、ϕ28 mm 钻头点眼，孔深 4.8 m（5 m 锚索孔深 4.8 m，3.5 m 锚索孔深 3.3 m）。钻孔施工完毕后将一支 CK2550、两支 CK2570 药卷放入孔中，用锚索将药卷缓缓推入孔底。用锚索连接套与锚索连接，插入风煤钻套头中，开动锚杆钻机搅拌锚固剂，边搅拌边推进，直至将锚索推入孔底，搅拌 20 s，停机 20 s，然后撤下风煤钻。锚索打注 10 min 后，依次安装锚索专用托盘、让压环、预应力垫片、锁具，然后张拉预紧，以压平弧形压力碗为原则，确保预紧力不小于 80 kN。

8.6.4 巷道超前支护

在采矿工程中，超前支护技术为其带来了巨大的经济效益，目前超前支护技术已经广泛应用到采矿工程的各个过程当中，极大地提高了采矿工程的安全性与稳定性，为顺利施工提供了基础保障。由于采矿工程相较于其他工程具有特殊性，且对施工过程的安全性和施工效率要求都较高。因此，为保障施工人员的生命财产安全和矿产企业的经济效益，必须要对采矿过程中的各个环节进行详细核查。高效的超前支护技术支持不仅能够保障采矿工程完成的高效性及施工的安全性，而且对矿产企业的发展和经济效益具有重要的支撑作用。

1. 超前支护技术概述

超前支护技术是目前许多工程中应用较为完善的一种技术手段，其工作内容主要是在松软或易破碎的岩层工程中超前于掘进工作而实施的一种起支护作用的技术。在辅助措施的作用下保障施工工作面稳定，保证工程的顺利实施。

目前，超前支护技术已经渗透到中国许多工程当中，成为不可缺少的重要技术之一，其中在铁路建设、公路维修、隧道工程等工程中被广泛应用。

由于采矿工作的特殊性和对安全性的要求较高，超前支护技术的引入对提高采矿工作面的稳定性具有十分重要的意义。该技术为采矿施工的安全提供有力的保障，并能够在安全性较高的条件下解决开采效率低下等问题，大大地提高了矿物开采生产的综合效益。

目前超前支护技术的表现形式包括三种：

（1）利用钢管加固松散岩石，一般用于锚定工作面前上方的岩体。

（2）利用钢管和钢轨加固棚顶，结合钢管和钢轨锚固工作面前上方的岩体。

（3）利用倾注泥浆加固松散泥土，利用泥浆的黏着性胶结硬化破碎的岩体。

2. 超前支护技术在矿井回采中的应用分析

通常在回采过程中，超前支护技术能够有效解决回采遇到的许多问题。一般来说，在回采过程中超前支护技术的运用方式有两种。

（1）在采矿结束时的漏斗之间进行不间断掘进，通俗来说就是重新在巷道内进行煤炭开采。该种方式对遗漏煤矿的开采率更高，具有较高的开采效率，但是由于已经开采过的部分承重能力变低，在后续的不断压力下导致坍塌概率也更大，更容易发生岩体塌方等问题。所以，该方式一般安全性较差，并且对巷道空间要求较为严格，实行该种回采方式要保证进巷道间距 5 m 左右。

（2）沿着两个废弃矿场之间的连接柱进行回采施工。该种回采方式有开采盲点较多的缺点，因而经济效益达不到预期效益，但是该种方式能够充分结合超前支护技术，也是安全性能更高的回采方式。中国大多数煤矿的回采工程都采用该种方式。

该种方法可以采用超前支架的方式实现，超前支架采用两个支架作为底部支撑，并且将左右两个支架合并为一个支架使用。此外，在两个支架之间的顶梁位置通过防盗防滑千斤顶连接底座，起到支撑的作用。每个支架一般由前后两节组成，并且前节顶梁后部与后节伸缩梁连接，前后节底座通过移驾千斤顶相互连接。采用这种连接方式的目的是增加支架的稳定性，提高超前支护的安全性。此外，该种支撑回采方式具有节省空间的优点。其最大支撑高度可以达到3.5 m，支撑宽度达到3 m以上，扩大了开采空间。再加上此种方式的底座较小，支架两侧及中间都有较大的通道，便于工作人员来回穿行和材料及设备的运输。该操作简便，仅凭单人就可以简单操作，省时省力，为矿产开采工程减少劳动力和财力支出。

3. 应用效果分析

超前支架的应用效果非常不错，不仅适应了端头超前支护的要求，而且还提高了机械化水平。在效率、安全等方面得到了明显的改善，取得非常良好的社会与经济效益。

（1）明显减小劳动强度，使安全性显著改善。在实践中引入这种新工艺之后，仅仅通过操作液压手把就能够实现对端头支架等的移动。

（2）工作效率明显改善，经济效益大幅提升。过去的超前支护要有三个员工来操作，而引入新技术以后，一个工人就能完成操作。

（3）资源回收效率有所提高。应用新的工艺以后，可以利用端头架处剪网完成对运巷顶煤的回收，在很大程度上降低了浪费现象。

（4）成本明显降低。采用原有技术进行支护的时候，单体柱支护的大板回收一般不容易实现，导致很大的浪费；应用新方法能够明显降低大板费用300 元/m。整个工作面为1700 m左右，这样能够缩减成本51 万元。

4. 超前支护在矿产回采中存在的问题

回采期间沿空巷道的超前支护方式有单体支柱加十字铰接顶梁的方式，根据支承压力的大小和范围选择单体支柱的柱距和排距。对于深部综放沿空巷道而言，由于支承压力大、影响范围远，因此，多采用加长超前支护距离、增加支护密度的方式来加强支护，造成单体使用数量大幅增加。由此，在生产过程中带来了许多问题。

（1）单体支柱数量多，支护速度慢。

（2）单体支柱工作阻力小、支护强度低，即使加密支护后，相对支护强度仍然较小，不能控制巷道变形，需要扩帮、卧底才能保证正常生产。扩帮、卧底工作量较大。

(3) 由于采用单体支柱进行超前支护不能有效控制巷道变形，较大的巷道变形量也给其他现场作业带来难度。同时巷道有效断面的减少，不能很好保证通风等其他安全要求，给采煤工作面的安全生产带来隐患。

(4) 工序复杂，人工操作多，职工劳动强度大，支护成本高，事故的概率较大，安全性差。

(5) 由于沿空帮部变形，部分单体支柱挤帮受侧向力，支护效果差；同时，由此带来的重复改支单体工作量巨大。

为了避免引起沿空巷道围岩的二次松动，破坏巷道岩层的整体性，维护巷道围岩，降低开采成本，加快工作面推进速度，充分发挥综放工作面的效能，可采用高强度超前液压支架组进行超前支护。超前支架的作用主要是维持工作面顺槽围岩的稳定性，提供有效的作业空间和足够的通风断面。对超前支架的要求是必须保证支架的工作阻力能够承担起已经发生运动的顶板围岩的作用力。

在东滩煤矿1306轨道顺槽选用超前液压支架组，它由1组ZCZ12800/22/38型锚固支架、3组ZCZ25600/22/38 A型超前支护液压支架、1.5组ZCZ25600/22/38 B型超前支护液压支架组成，支护总长度约60 m。其中锚固支架支护长度约6 m，其余超前支架支护长度约11 m，超前支架之间采用伸缩式推移千斤顶连接。超前液压支架构成如图8－8所示，主要技术参数见表8－3。

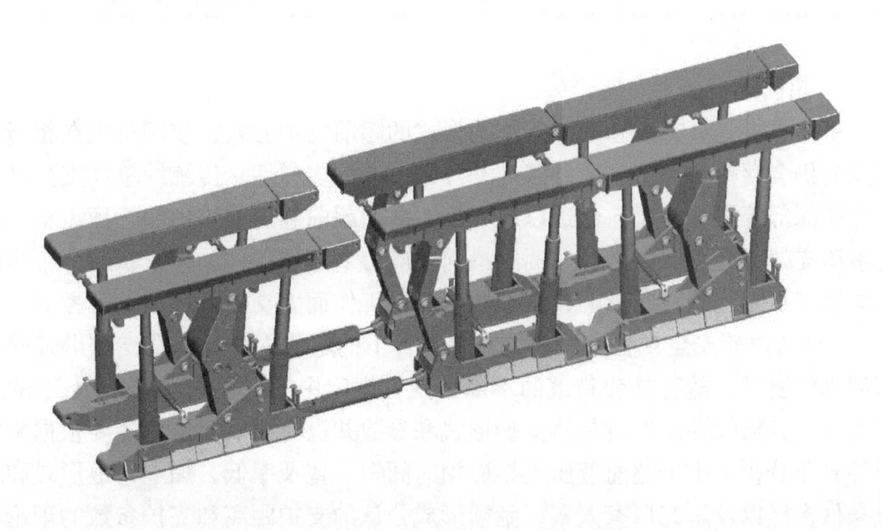

图8－8　1306轨道顺槽超前液压支架构成（部分）

表8-3 1306轨道顺槽超前液压支架主要技术参数

支架型号	项目	参数	单位
ZCZ12800/22/38型锚固支架	支撑高度	2.2~3.8	m
	额定初撑力	10128	kN
	工作阻力	12800	kN
	支护强度	0.59~0.65	MPa
	底板比压	1.65（平均）	MPa
	操纵方式	本架手动操纵	
ZCZ25600/22/38A型超前支护液压支架 ZCZ25600/22/38B型超前支护液压支架	支撑高度	2.2~3.8	m
	额定初撑力	20264	kN
	工作阻力	25600	kN
	支架中心距	1.8~2.2	m
	双伸缩立柱缸径	ϕ320/ϕ230	mm
	支护长度	11.0	m
	支护强度	0.59~0.65	MPa
	底板比压	1.65（平均）	MPa
	推移千斤顶行程	1.7	m
	操纵方式	前后组邻架手动操纵	

5. 超前支护技术发展趋势

单体支柱是具有配套顶梁等结构形式的超前支护方式，使用范围在相当长时间内仍会存在，以适应矿井条件和开采方法的多样性。传统的单体支护已无法适应深部等强冲击超前巷道以及大型大断面超前巷道的维护和管理需求，超前液压支架成为发展的必然。两顺槽前段应力受地质条件、开采状况、工作面和顺槽支护系统等共同影响，必须置于综采工作面大支护系统中综合考虑。

（1）《煤矿安全规程》对不同开采条件下的超前支护距离及支护形式并没有明确的要求，随着复杂巷道的不断出现，规定中的“不得小于20 m”的规定越显出其局限性。但对具体支护形式和参数并没有明确要求，需要根据矿井条件具体分析。由于超前液压支架应用时间短、普及率低，加上巷道形式和地质条件多样以及研究厂家太多，亟须形成公认的支护距离和支护参数的理论指导和设计规范。

（2）当工作面每推进一个步距时，顺槽超前液压支架就需要拉移一次，而每个拉移过程都需要支架降架、升架一次，对支护区域内的顶板反复支撑，使顶板的完整性遭到很大破坏，也使下面操作的工人受碎块粉尘的威胁，因此需要研究协调“支”与“护”的关系，最大程度上消除超前支架带来的负面影响。

（3）超前支架在适应性、设计方法及使用过程中还存在诸多问题，迫切需要对超前液压支架构成的支护系统进行研究。超前支架应用环境多是大巷道断面，高度大，而由于超前巷道中设备、行人和运输通道限制，多是“高”和“窄”形设计，造成稳定性较差，架型结构和稳定性同样是亟需攻关课题。

煤矿开采机械化、自动化程度的提升以及煤层开采条件复杂性的提高是我国煤矿开采发展的必然，针对现阶段超前支护发展现状及趋势，研究超前支护技术，针对不同环境开发适应性的超前支护装备，提高超前液压支架等先进支护装备的推广应用，以适应煤炭开发形势，保障煤炭安全高效生产。

8.7　围岩控制效果

为研究新型支护方式和参数的控制效果，了解支护参数的合理性，在1306轨道顺槽中布置位移测站，对巷道掘进期间和回采期间的顶底板移近量和两帮移近量进行观测。

8.7.1　位移观测结果分析

在巷道掘进期间和回采期间分别进行表面位移观测，观测内容包括顶底板移近量、两帮移近量、顶板下沉量、底板鼓起量、实体煤帮移近量和沿空帮移近量，然后建立各个表面位移和距离、时间的关系，并进行分析。

1. 掘进期间巷道表面位移

1306轨道顺槽掘进时期的表面位移观测共布置两个测点（1号测点距离巷道尽头90 m、2号测点距离巷道尽头185 m），将各测点的位移统计整理，绘制成曲线如图8－9至图8－12所示。

综合分析上述数据，可以得到综放沿空巷道在掘进期间的变化规律，具体如下：

（1）沿空巷道在掘进期间巷道表面位移随着掘进时间的增加和掘进工作面距离的增大，巷道表面位移逐渐增大，最终趋于稳定。

（2）巷道表面变形经过了急剧升高段、缓慢升高段、趋于稳定段三个阶段，其中急剧升高段位于开挖后8 d，距迎头约70 m以内，巷道的最大顶板下沉速度达到30 mm/d，最大底鼓速度为40 mm/d，最大实体煤帮移近速度为37 mm/d，最大小煤柱帮移近速度为36 mm/d。开挖后18天巷道变形进入稳定

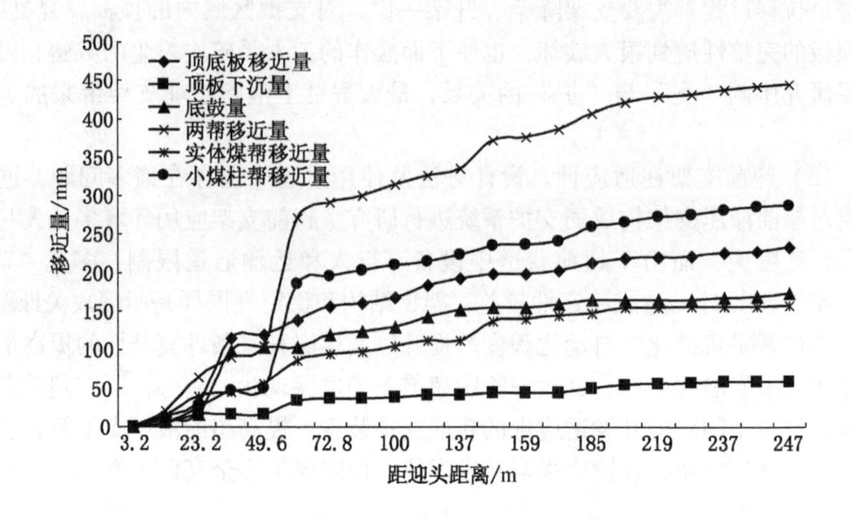

图 8-9　1号测点巷道表面位移随距离变化曲线

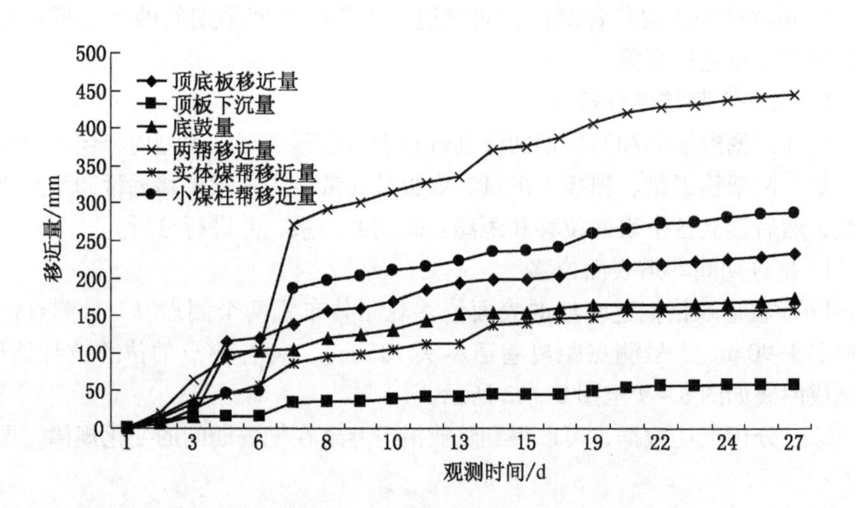

图 8-10　1号测点巷道表面位移随时间变化曲线

段，距离掘进面 180 m 之外，巷道顶板下沉量基本稳定在 59 ~ 87 mm，底板鼓起量稳定在 113 ~ 174 mm，顶底移近量稳定在 200 ~ 233 mm，实体煤帮移近量稳定在 125 ~ 158 mm，小煤柱帮移近量稳定在 190 ~ 287 mm，两帮移近量稳定

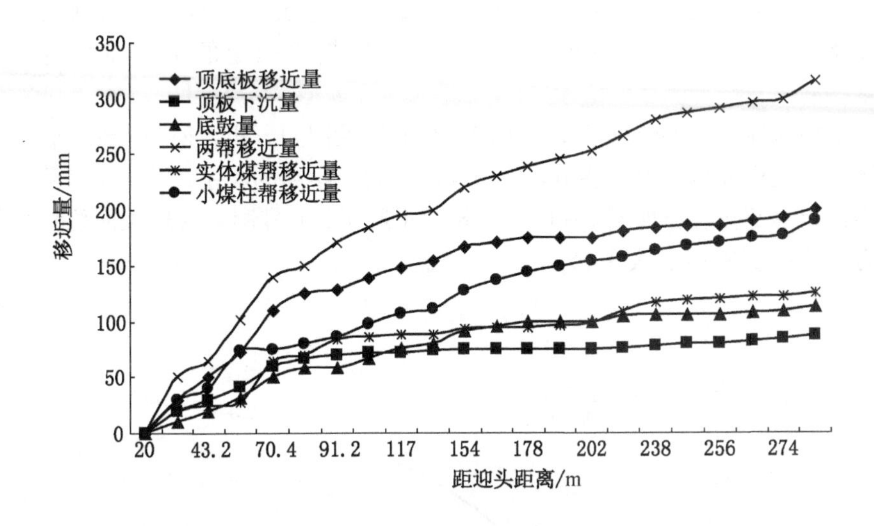

图 8-11 2号测点巷道表面位移随距离变化曲线

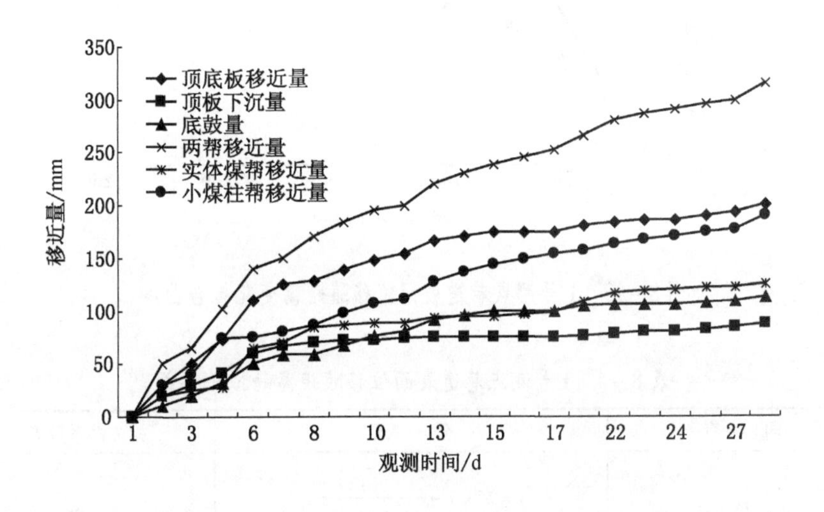

图 8-12 2号测点巷道表面位移随时间变化曲线

在 315 ~ 445 mm。

(3) 沿空巷道两帮移近量明显大于顶底板移近量，而且实体煤帮水平位移小于小煤柱帮水平位移。

（4）深部综放大断面沿空巷道掘进期间的巷道矿压显现较为剧烈，巷道变形量大，明显变形段距离长，巷道变形趋于稳定的距离和时间都很长。

下面对巷道变形位移的变化规律进行非线性回归分析，采用 Origin 软件对上述数据进行分析，得到巷道表面位移和时间、距离的关系，其中 1 号测点巷道表面位移变化规律如图 8－13、图 8－14 所示，1 号测点巷道表面位移变化拟合公式见表 8－4、表 8－5。

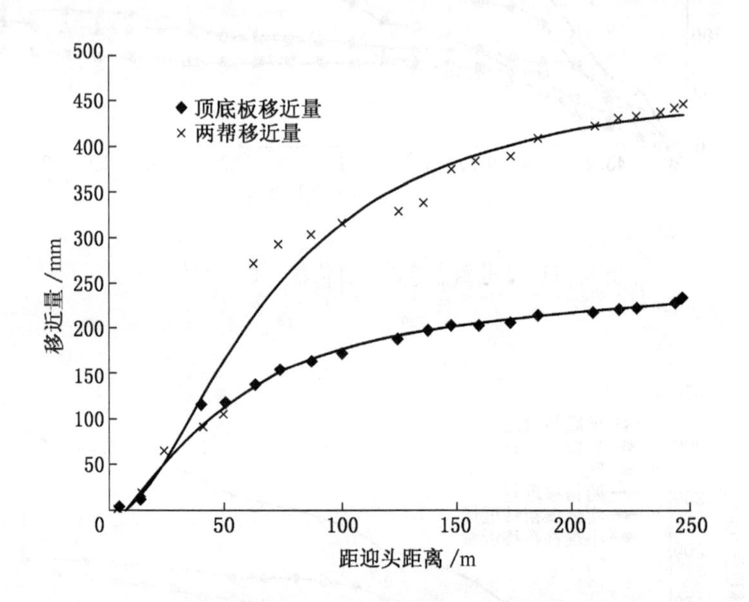

图 8－13　1 号测点巷道表面位移随距离变化拟合曲线

表 8－4　1 号测点巷道表面位移随距离的拟合公式

内　容	公　式	相关性系数 R^2
顶底移近量	$y=248.7-\dfrac{261.7}{1+\left(\dfrac{x}{51.8}\right)^{1.44}}$	0.98
两帮移近量	$y=473-\dfrac{477.9}{1+\left(\dfrac{x}{69}\right)^{1.85}}$	0.96

注：x—距离，m；y—表面位移。

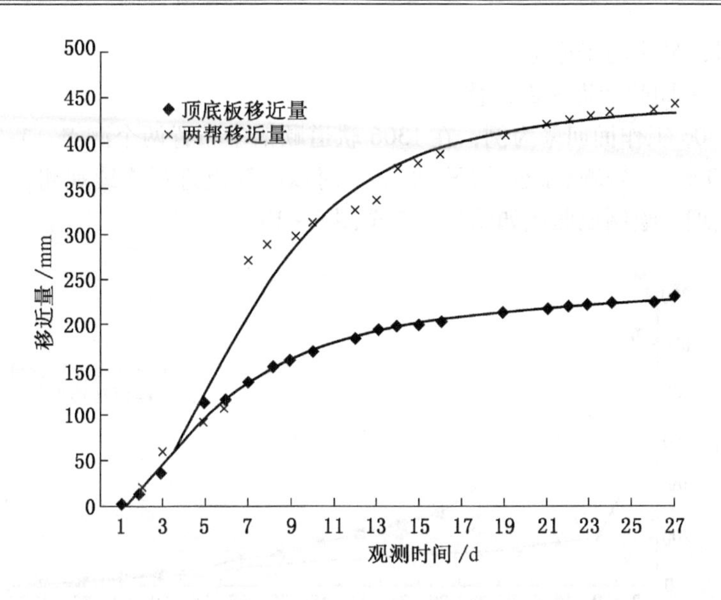

图 8-14 1号测点巷道表面位移随时间变化拟合曲线

表 8-5 1号测点巷道表面位移随时间的拟合公式

内　　容	公　　式	相关性系数 R^2
顶底移近量	$y=242.1-\dfrac{260.8}{1+\left(\dfrac{x}{5.6}\right)^{1.76}}$	0.99
两帮移近量	$y=450.7-\dfrac{450.8}{1+\left(\dfrac{x}{7.3}\right)^{2.51}}$	0.96

注：x—距离，m；y—表面位移，m。

由图 8-13 至图 8-14 和表 8-4 至表 8-5 可以看出巷道表面变形与开掘时间、开挖距离之间均服从 Logistic 关系，而不是线性关系。变形曲线符合 $y=A_1-\dfrac{A_2}{1+\left(\dfrac{x}{x_0}\right)^p}$（$x_0$ 为测点距离，m；A_1、A_2 为常数）这种形式，其相关系数 R^2 达 96% 以上。即随着开掘天数和掘进距离的增加，巷道表面变形的增长速度变慢，最终趋于稳定。

2. 回采期间巷道表面位移

以1306工作面回采为例，在1306轨道顺槽中布置两个测点：1号测点距开切眼90 m、2号测点距开切眼185 m。对以上测点进行连续观测，将观测数据统计整理，绘制成曲线如图8-15至图8-18所示。

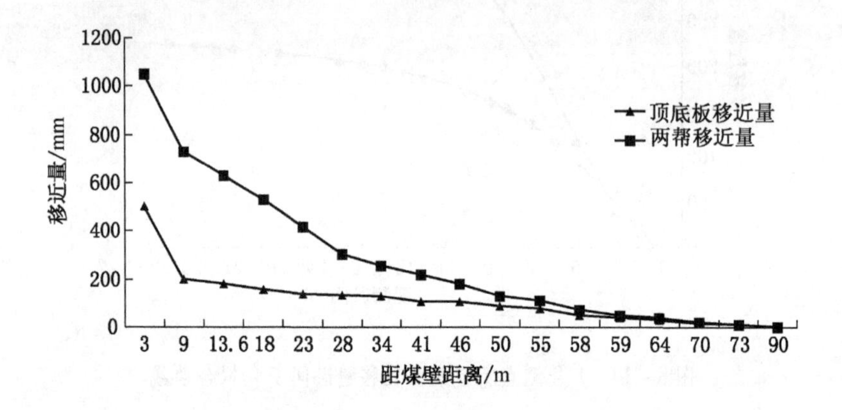

图8-15　1号测点巷道表面位移随距离变化曲线

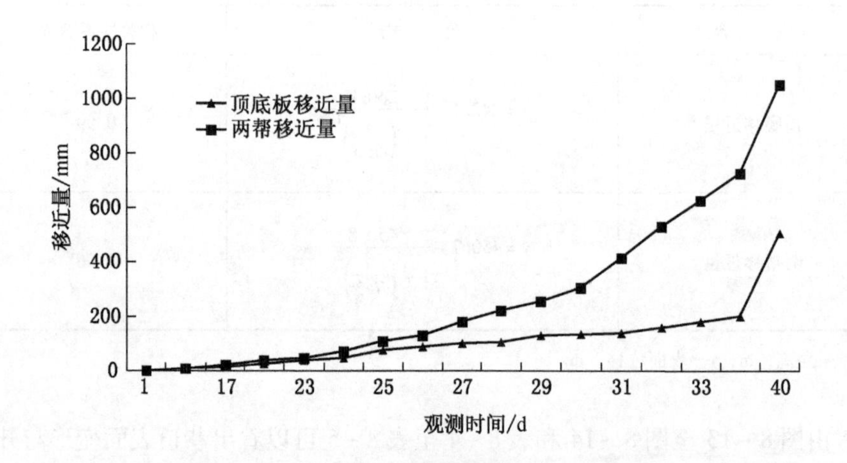

图8-16　1号测点巷道表面位移随时间变化曲线

综合分析上述数据，可以得到综放沿空巷道在回采期间的变化规律，具体如下：

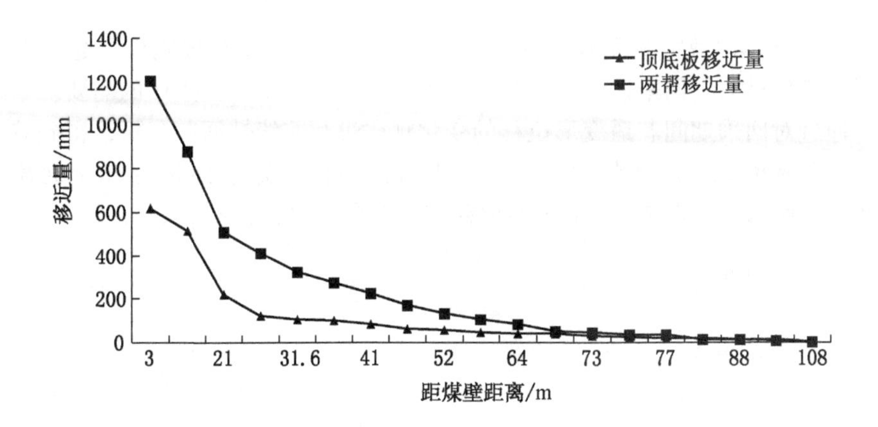

图8-17　2号测点巷道表面位移随距离变化曲线

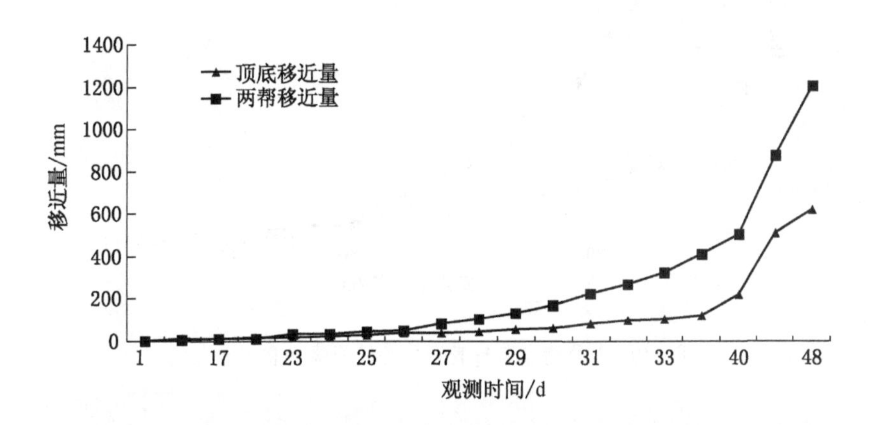

图8-18　2号测点巷道表面位移随时间变化曲线

(1) 沿空巷道在回采期间巷道表面位移随着和工作面距离的减小，表面位移逐渐增大。

(2) 表面变形经过了基本稳定段、缓慢升高段、急剧升高段三个阶段，其中基本稳定段位于工作面推进17~25 d,距工作面70 m以外,巷道顶底移近量稳定在12~26 mm,两帮移近量稳定在20~45 mm;当工作面推进30~34 d以后,变形量急剧升高,此时距离回采面约28 m,顶底移近速度最大达到106 mm/d,两帮移近速度最大为326 mm/d,巷道表面位移在接近回采工作面时达到最大,其中顶底板移近量为503~616 mm,两帮移近量为1049~1203 mm。

(3) 沿空巷道回采期间两帮的位移大于顶底板的位移。

（4）深部综放大断面沿空巷道回采期间的巷道矿压显现剧烈，超前变形强烈、变形量大，回采期间应加强超前支护，使其满足安全生产的需要。

通过对回采期间巷道变形位移的变化规律进行非线性回归分析，得到巷道表面位移和时间、距离的关系，其中 1 号测点的巷道表面位移变化规律如图 8－19 所示、1 号测点巷道表面位移变化拟合公式见表 8－6。

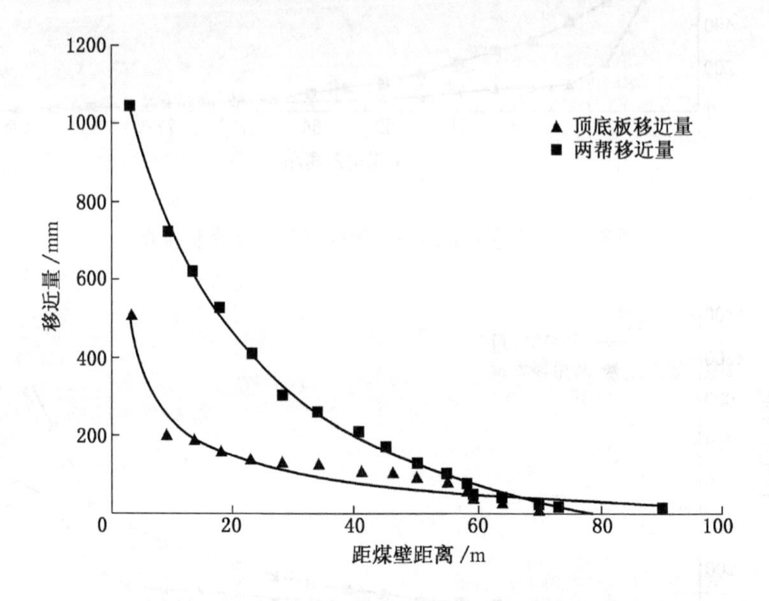

图 8－19　1 号测点巷道表面位移随距离变化拟合曲线

表 8－6　1 号测点巷道表面位移随距离的拟合公式

内　容	公　式	相关系数 R^2
顶底移近量	$y=-96.8+\dfrac{64731}{1+\left(\dfrac{x}{1.2\times10^{-4}}\right)^{0.47}}$	0.94
两帮移近量	$y=-325.8+\dfrac{1581.7}{1+\left(\dfrac{x}{19.8}\right)^{0.98}}$	0.99

注：x—距离，m；y—表面位移，m。

由图 8－19 可以看出，巷道表面变形与开掘距离之间服从 Logistic 关系，而不是线性关系。变形曲线符合 $y=\dfrac{B_1}{1+\left(\dfrac{x}{x_1}\right)^q}-B_2$（$x_1$ 为测点距离，m；B_1、

B_2 为常数）其相关系数 R^2 达 0.94 以上。即随着测点与工作面煤壁之间距离的减小，巷道表面变形的增长速度增大，测点与煤壁之间距离越小，巷道表面位移越大。

8.7.2 断面控制效果分析

下面通过与深部综放小断面沿空掘巷的控制效果进行对比分析来说明大断面沿空掘巷的控制效果。东滩煤矿 1303 轨道顺槽和 1306 轨道顺槽同属于一采区，其断面尺寸为上净宽 3800 mm，下净宽 4800 mm，净高 3200 mm，净断面积 13.76 m²，较 1306 轨道顺槽小。巷道支护参数为顶帮铺设金属菱形网，顶部按照 800 mm 的间距锚固梯形钢带，每排梯形钢带打六根 ϕ22 mm × 2400 mm 的左旋无纵筋树脂锚杆，沿巷中每隔 2.4 m 在梯形钢带之间加打一根锚索；帮部铺联金属菱形网，按照 800 mm 的排距打注 ϕ20 mm × 1800 mm 的全螺纹锚杆，每帮每排均匀布置五根锚杆。1303 轨道顺槽断面如图 8－20 所示。

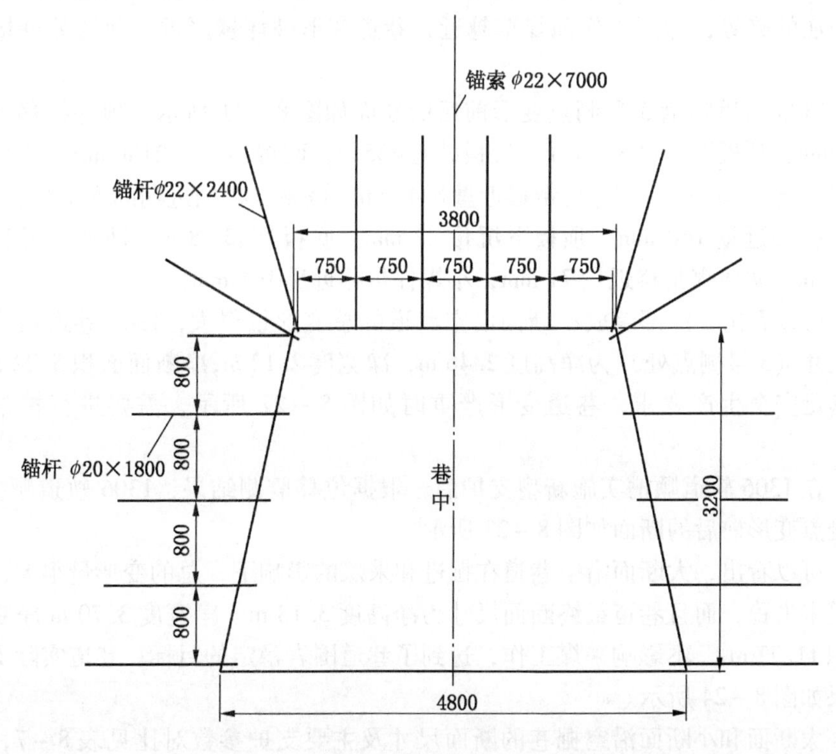

图 8－20 1303 轨道顺槽断面（单位：mm）

轨道顺槽超前支护距离不小于90 m，其中超前工作面煤壁60 m范围内架设四路800 mm×600 mm金属十字顶梁组成网状顶梁配合单体支柱支护顶板，每排四个十字梁，即为“ ++++ ”形式。要求顶梁沿工作面走向布置，从采侧起，在第一路、第四路十字顶梁下各支设两棵单体支柱，在第二路、第三路十字顶梁下各支设一棵单体支柱，形成每排六棵单体支柱支护；架设金属顶梁段以外支设单排点柱，单体柱距与巷道顶部钢带排距（或工字钢棚距）相同，其长度不小于30 m。

通过在1303轨道顺槽内布置测点进行位移监测发现，随采煤工作面推进，顶底变化量相对于帮部变化较小，两帮移近量较大，其中实体煤帮移近量普遍大于小煤柱帮的移近量。在巷道异常地段两帮变形量最大达到4.3 m，顶底板移近量最大达到1.8 m。正常情况下，两帮累计最大移近量为2905 mm，其中实体煤帮累计最大移近量为1432 mm，小煤柱帮累计最大移近量为1193 mm，顶底板累计最大移近量为758 mm。随工作面推进，巷道变形呈逐渐增加的趋势，即距工作面煤壁越近，巷道变形破坏越严重，两帮鼓进量越大。

1303轨道顺槽3号测点变形前后的断面如图8－21所示，顶底板移近量744 mm，顶板下沉量309 mm，底板鼓起435 m，两帮移近量2180 mm，实体煤帮移近量1336 mm，小煤柱帮移近量844 mm。该测点在掘进期间变形量较小，顶底板移近量140 mm，顶板下沉量82 mm，底板鼓起58 m，两帮移近量为172 mm，实体煤帮移近量71 mm，小煤柱帮移近量101 mm。

可以看出，深部综放小断面沿空巷道的总变形量很大，1303巷道最终断面尺寸（3号测点处）为净高度2.46 m，净宽度2.12 m，净断面面积5.22 m^2，不满足安全生产要求，巷道变形严重时如图8－22所示，需要进行扩帮工作。

在1306轨道顺槽实施新型支护后，根据位移监测结果，1306轨道顺槽2号测点变形前后的断面如图8－23所示。

可以看出，大断面沿空巷道在掘进和采煤的影响下，总的变形量很大，但巷道未失稳，而且巷道最终断面尺寸为净高度3.18 m，净宽度3.70 m净断面面积11.77 m^2，不影响采煤工作，达到了巷道围岩稳定的目标。巷道实际支护效果如图8－24所示。

大断面和小断面沿空掘巷的断面尺寸及主要支护参数对比见表8－7，巷道变形比较如图8－25、图8－26所示。

从表8－7和图8－25、图8－26中可以看出，相同的地质条件及采煤工

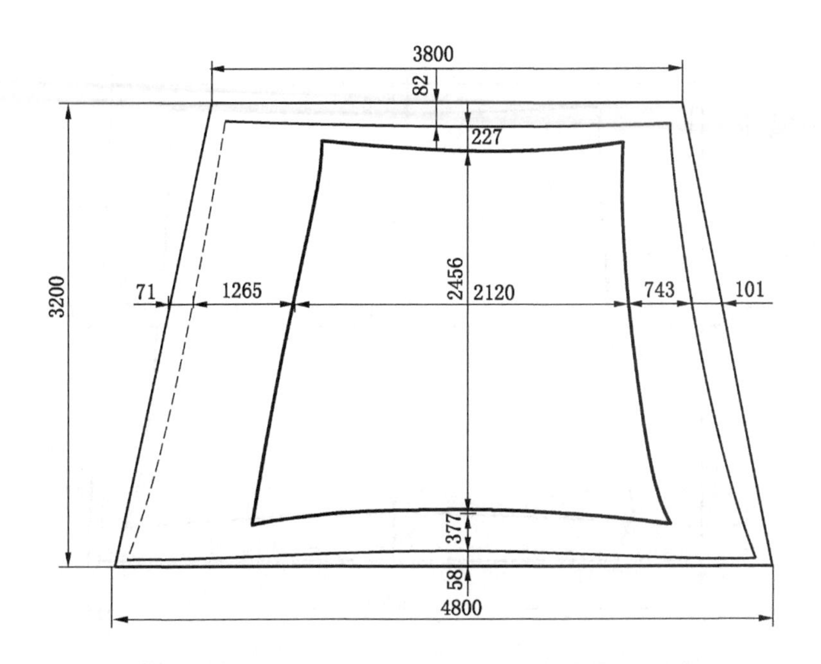

图8-21 1303轨道顺槽3号测点在不同时期的巷道断面（单位：mm）

图8-22 工作面回采时的1303轨道顺槽严重变形

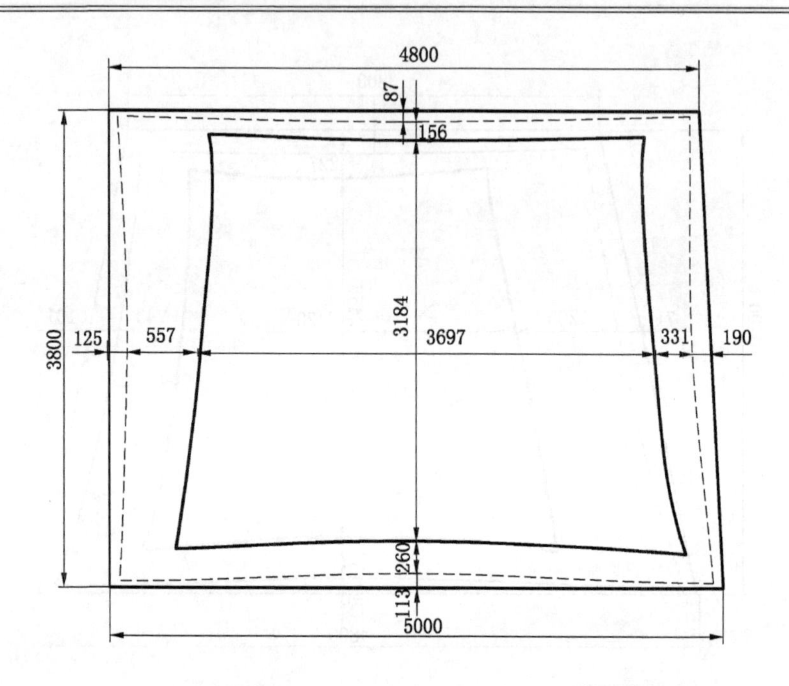

图 8－23　1306 轨道顺槽 2 号测点在不同时期的巷道断面（单位：mm）

图 8－24　工作面回采时的 1306 轨道顺槽支护效果

表 8-7　大断面和小断面沿空掘巷的断面尺寸及主要支护参数对比

类　型	项　目	大 断 面	小 断 面
断面尺寸及面积	上底宽	4.8 m	3.8 m
	下底宽	5.0 m	4.8 m
	高度	3.8 m	3.2 m
	断面面积	18.62 m^2	13.76 m^2
小煤柱尺寸	平均宽度	3.5 m	3.2 m
巷道支护参数	顶板锚杆	ϕ22 mm × 2400 mm	ϕ22 mm × 2400 mm
	顶板锚索	ϕ22 mm × 8500 mm	ϕ22 mm × 7000 mm
	顶板钢带	梯形钢带	梯形钢带
	沿空帮锚杆	ϕ20 mm × 2000 mm	ϕ20 mm × 1800 mm
	沿空帮钢带	梯形钢带	梯形钢带
	沿空帮锚索	ϕ22 mm × 3500 mm ϕ22 mm × 3500 mm	无
	实体煤帮锚杆	ϕ20 mm × 2000 mm	ϕ20 mm × 1800 mm
	实体煤帮锚索	ϕ22 mm × 8500 mm	无
	实体煤帮钢带	梯形钢带	无
	帮锚索让压性能	有	无
	金属网	8 号铁丝、菱形网	8 号铁丝、菱形网
超前支护	支护范围	60 m	90 m
	支护参数	超前液压支架 ZCZ12800/22/38 ZCZ25600/22/38A ZCZ25600/22/38B	单体支柱、十字顶梁

艺条件下，在小煤柱宽度基本相等的情况下，由于断面尺寸及支护方式和参数的不同，深部综放沿空巷道的支护效果明显不同。在扩大巷道断面尺寸，加强巷道支护（增加顶板锚索长度，加强实体煤帮及小煤柱帮的控制，使用让压环等），改进超前支护方式（使用超前液压支架）后，大断面巷道的总变形量更小，巷道更稳定，支护效果更好。大断面沿空巷道在使用期间未发生冒顶、片帮事故，而且空间大，巷道围岩完整性较好，保护了现场工作人员的安全，大大降低了扩帮工作量。同时，加快了推进速度，保证了稳产、高产。

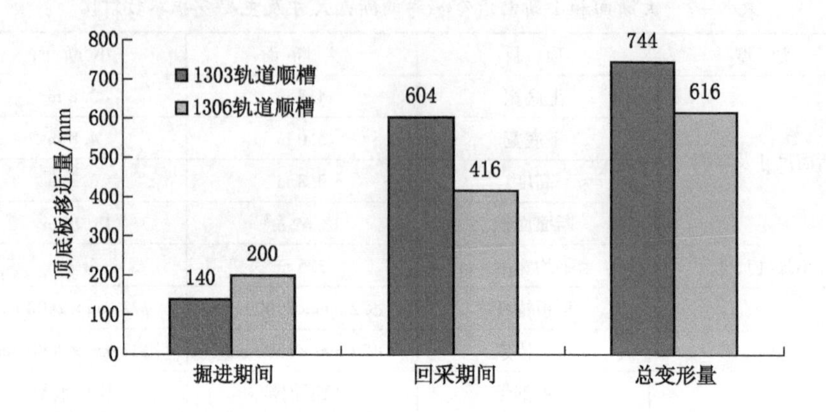

图 8-25　大断面、小断面沿空巷道顶底板移近量对比

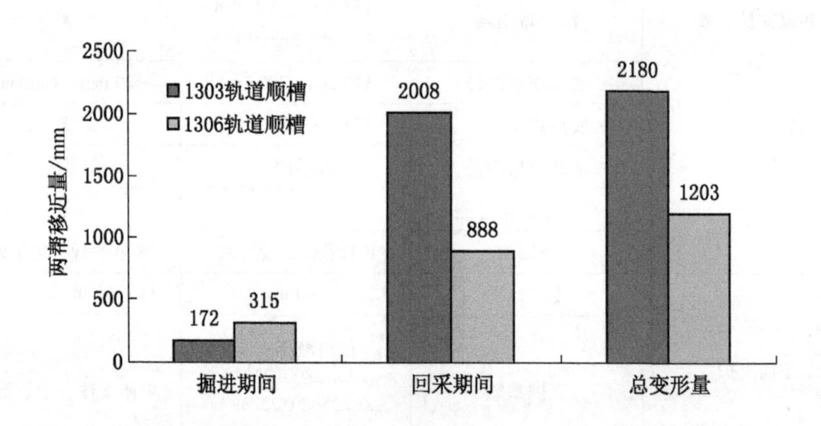

图 8-26　大断面、小断面沿空巷道两帮板移近量对比

大断面沿空掘巷使用成功的原因主要有两条：①保证了沿空巷道在掘进时的稳定。通过采用高强高预紧力锚杆、高强度钢带、高强度让压长锚索以及金属网等联合支护，可以实现巷道掘进期间稳定；②回采期间，采用高阻力顺槽超前液压支架进行超前支护，可有效控制巷道变形。同时，实体煤帮长锚索可以有效减小实体煤侧的水平变形，小煤柱侧的短锚索也可有效控制小煤柱的水平变形。因此，回采期间巷道也是稳定的，而且变形量得到了有效控制。

参 考 文 献

[1] 谢和平. 深部开采基础理论与工程实践 [M]. 北京：科学出版社，2006.
[2] 何满潮，谢和平，彭苏萍，等. 深部开采岩体力学研究 [J]. 岩石力学与工程学报，2005 (16)：2803-2813.
[3] 谭云亮，等. 深部巷道围岩破坏及控制 [M]. 北京：煤炭工业出版社，2011.
[4] 钱鸣高，石平五，许家林. 矿山压力与岩层控制 [M]. 徐州：中国矿业大学出版社，2010.
[5] 宋振骐，蒋宇静. 采场顶板控制设计中几个问题的分析探讨 [J]. 矿山压力，1986 (1)：1-9+79.
[6] 卢国志，汤建泉，宋振骐. 传递岩梁周期裂断步距与周期来压步距差异分析 [J]. 岩土工程学报，2010，32 (4)：538-541.
[7] 宋振骐. 实用矿山压力控制 [M]. 徐州：中国矿业大学出版社，1988.
[8] 钱鸣高，缪协兴，许家林，等. 岩层控制的关键层理论 [M]. 徐州：中国矿业大学出版社，2003.
[9] 钱鸣高，缪协兴. 岩层控制中的关键层理论研究 [J]. 煤炭学报，1996 (3)：2-7.
[10] 茅献彪，缪协兴，钱鸣高. 采动覆岩中关键层的破断规律研究 [J]. 中国矿业大学学报，1998 (1)：41-44.
[11] 钱鸣高. 茅献彪，缪协兴. 采场覆岩中关键层上载荷的变化规律 [J]. 煤炭学报，1998 (2)：25-29.
[12] 钱鸣高，许家林. 覆岩采动裂隙分布的“O”形圈特征研究 [J]. 煤炭学报，1998 (5)：20-23.
[13] 钱鸣高，缪协兴，何富连. 采场“砌体梁”结构的关键块分析 [J]. 煤炭学报，1994 (6)：557-563.
[14] 钱鸣高，张顶立，黎良杰，等. 砌体梁的“S-R”稳定及其应用 [J]. 矿山压力与顶板管理，1994 (3)：6-11+80.
[15] 钱鸣高，何富连，王作棠，等. 再论采场矿山压力理论 [J]. 中国矿业大学学报，1994 (3)：1-9.
[16] 浦海，缪协兴. 采动覆岩中关键层运动对支承压力分布的影响 [J]. 岩石力学与工程学报，2002 (S2)：2366-2369.
[17] 贾喜荣，刘国利，徐林生. 采场矿压计算与分析方法 [J]. 煤炭学报，1993 (5)：13-19.
[18] 贾喜荣，翟英达，杨双锁. 放顶煤工作面顶板岩层结构及顶板来压计算 [J]. 煤炭学报，1998 (4)：32-36.
[19] 史元伟. 采煤工作面围岩控制原理和技术 [M]. 徐州：中国矿业大学出版社，2003.
[20] 姜福兴，张兴民，杨淑华，等. 长壁采场覆岩空间结构探讨 [J]. 岩石力学与工程

学报，2006（5）：979－984.
[21] 朱德仁. 长壁工作面基本顶的破断规律及其应用［D］. 徐州：中国矿业大学矿业工程学院，1987.
[22] 李学华. 综放沿空掘巷围岩大小结构稳定性的研究［D］. 徐州：中国矿业大学矿业工程学院，2000.
[23] 侯朝炯，李学华. 综放沿空掘巷围岩大、小结构的稳定性原理［J］. 煤炭学报，2001（1）：1－7.
[24] 柏建彪. 沿空掘巷围岩控制［M］. 徐州：中国矿业大学出版社，2006.
[25] 何廷峻. 工作面端头悬顶在沿空巷道中破断位置的预测［J］. 煤炭学报，2000（1）：30－33.
[26] 赵国贞，马占国，等. 小煤柱沿空掘巷围岩变形控制机理研究［J］. 采矿与安全工程学报 2010，27（4）：517－521.
[27] 马庆云，等. 采场老顶岩梁的超前破断与矿山压力［J］. 煤炭学报，2001（5）：473－477.
[28] 张开智，等. 钻孔煤粉量变化规律在区段煤柱合理参数确定中的应用［J］. 岩石力学与工程学报，2004（8）：1307－1310.
[29] 翟新献，钱鸣高，等. 小煤矿复采煤柱塑性区特征及采准巷道支护技术［J］. 岩石力学与工程学报，2004（22）：3799－3802.
[30] Zhai Xinxian, et al. The relationship between surrounding rock deformation of roadway affected by overhead mining and effective load coefficient [C]. Proceedings in Mining Science and Safety Technology, 2002, 180－182.
[31] 王卫军，侯朝炯. 支承压力与回采巷道底鼓关系分析［J］. 矿山压力与顶板管理，2002（2）：66－67＋70－110.
[32] 谭云亮，姜福兴，刘传孝，等. 受采动影响巷道两帮破坏范围探测研究［J］. 煤炭科学技术，1999（3）：43－45＋19.
[33] 谭云亮，等. 巷道围岩稳定性预测与控制［M］. 徐州：中国矿业大学出版社，1999.
[34] 陆士良. 无煤柱护巷矿压显现研究［M］. 北京：煤炭工业出版社，1993.
[35] 王卫军，侯朝炯，柏建彪，等. 综放沿空巷道顶煤受力变形分析［J］. 岩土工程学报，2001（2）：209－211.
[36] 刘增辉，康天合. 综放煤巷合理煤柱尺寸的物理模拟研究［J］. 矿山压力与顶板管理，2005（1）：24－26＋118.
[37] 刘长友，等. 缓倾斜特厚煤层综放工作面两侧煤体的位移规律［J］. 矿山压力与顶板管理，1997（3）：13－17.
[38] 马其华，郭忠平，樊克恭，等. 综放面矿压显现特点与沿空掘巷可行性［J］. 矿山压力与顶板管理，1997（Z1）：153－155.
[39] 管学茂，张义顺，张长根，等. 综放面沿空掘巷正交性试验研究［J］. 煤矿设计，

1998 (8): 150 - 152.

[40] 孟金锁. 综放开采“原位”沿空掘巷探讨 [J]. 岩石力学与工程学报, 1999 (2): 89 - 90.

[41] 李磊, 柏建彪, 王襄禹. 综放沿空掘巷合理位置及控制技术 [J]. 煤炭学报, 2012, 37 (9): 1564 - 1569.

[42] 郑西贵, 姚志刚, 张农. 掘采全过程沿空掘巷小煤柱应力分布研究 [J]. 2012, 29 (4): 459 - 465.

[43] 张源, 万志军, 等. 不稳定覆岩下沿空掘巷围岩大变形机理 [J]. 采矿与安全工程学报, 2012, 29 (4): 451 - 458.

[44] 谢广祥, 杨科, 刘全明. 综放面倾向煤柱支承压力分布规律研究 [J]. 岩石力学与工程学报, 2006, 25 (3): 545 - 549.

[45] Madden, B. J. A re - assessment of coal - pillar design [J]. Journal of the South African Institute of Mining and Metallurgy, 1991, 91 (1): 27 - 37.

[46] Watson, B. P., Ryder, J. A., Kataka, M. O., Kuijpers, J. S., and Leteane, F. P. Merenskypillar strength formulae based on back analysis of pillar failures at Impala Platinum [J]. Journal of the Southern African Institute of Mining and Metallurgy, 2008, 108: 449 - 461.

[47] Van Der Merwe, J. N. New Pillar Strength Formula for South African Coal [J]. Journal of the South African Institute of Mining and Metallurgy, 2003, 103 (5): 281 - 292.

[48] Van Der Merwe, J. N. Rock engineering method to pre - evaluate old, small coal pillars for secondary mining [J]. Journal of the Southern African Institute of Mining and Metallurgy, 2012, 112 (1): 1 - 6.

[49] Van Der Merwe, J. N. Predicting Coal Pillar Life in South Africa [J]. Journal of the South African Institute of Mining and Metallurgy, 2003, 03 (5): 293 - 301.

[50] 徐永圻. 采煤学 [M]. 徐州: 中国矿业大学出版社, 2003.

[51] 陈炎光, 陆士良. 中国煤矿巷道围岩控制 [M]. 北京: 中国矿业大学出版社, 1994.

[52] 王卫军, 侯朝炯, 李学华. 老顶给定变形下综放沿空掘巷合理定位分析 [J]. 湘潭矿业学院学报, 2001 (2): 1 - 4.

[53] 谭云亮, 姜福兴, 等. 受采动影响巷道两帮破坏范围探测研究 [J]. 煤炭科学技术, 1999 (3): 43 - 45 + 19.

[54] 张开智, 蒋金泉, 等. 大倾角综放面合理区段煤柱宽度数值模拟研究 [J]. 矿山压力与顶板管理, 2002 (3): 3 - 5 + 118.

[55] 杨永杰, 姜福兴, 等. 综放锚网支护沿空顺槽合理小煤柱尺寸确定方法 [J]. 中国地质灾害与防治学报, 2001 (4): 83 - 86 + 99.

[56] 吴立新, 王金庄. 煤柱屈服区宽度计算及其影响因素分析 [J]. 煤炭学报, 1995 (6): 625 - 631.

[57] 齐中立，柏建彪，赵军，等. 沿空掘巷窄煤柱合理宽度研究与应用 [J]. 能源技术与管理，2009 (2)：10 - 12.
[58] 柏建彪，侯朝炯，黄汉富. 沿空掘巷窄煤柱稳定性数值模拟研究 [J]. 岩石力学与工程学报，2004 (20)：3475 - 3479.
[59] 郑颖人，等. 地下工程锚喷支护设计指南 [M]. 北京：中国铁道出版社，1988.
[60] Poulos, H. G., Davis E. H. Elastic solutions for soil and rock mechanics [M]. Wiley: Newyork.
[61] Kastner H. Statik des tunnel und Stollenbaus, auf der grundlage geomechnischer Erkenntnisse [M]. Springer Verlag, 1971.
[62] Fuller R G Flexibolt flexible roof bolts: a new concept for strata control [A]. In: the 12th Conference on Ground Control in Mining [C]. 1993: 24 - 34.
[63] Franciss FO. Weak Rock Tunneling [M]. Rotterdanm A. A. Balkema Press, 1997.
[64] Souza D. E. A dynamic support system for yielding ground [J]. CIM Bulletin, 1999, 92 (1032): 50 - 55.
[65] Halison N. J. Design of the roof bolting system [J]. Colliery guardian, 1987 (9): 366 - 372.
[66] Kushwaha A., Singh S. K., Tewari S. etal. Empirical approach for designing of support system in mechanized coal pillar mining [J]. International Joumal of Rock Mechanics and Mining sciences, 2010, 47 (7): 1063 - 1078.
[67] 祁瑞芳. 新奥法与我国地下工程 [J]. 哈尔滨建筑工程学院学报，1987 (2):119 - 126.
[68] W. J. Gale. Strata control utilizing rock reinforcement techniques and stress control methods in Australian coal mines [J]. Mining Engineer (London), 1991, 150 (352):247 - 253.
[69] 郑雨天. 关于软岩巷道地压与支护的基本观点 [C]. 软岩巷道掘进与支护论文集，1985 (5).
[70] 董方庭，等. 巷道围岩松动圈支护理论及其应用技术 [M]. 北京：煤炭工业出版社，2001.
[71] 董方庭，宋宏伟，郭志宏，等. 巷道围岩松动圈支护理论 [J]. 煤炭学报，1994，19 (1)：21 - 32.
[72] 何满潮，等. 软岩工程力学 [M]. 北京：科学出版社，2002.
[73] 方祖烈. 拉压域特征及主次承载区的维护理论 [M]. 世纪之交软岩工程技术现状与展望，北京：煤炭工业出版社，1999.
[74] 李志强，苏建孝，韩武学. 回采巷道煤帮锚杆支护问题探讨 [J]. 矿山压力与顶板管理，1998 (1)：52 - 55.
[75] 马念杰，贾安立，马利，等. 深井煤巷煤帮支护技术研究 [J]. 建井技术，2006

(1): 15 - 18.
[76] 冯豫. 我国软岩巷道支护的研究 [J]. 矿山压力与顶板管理, 1990 (2): 1 - 5.
[77] 陆家梁. 软岩巷道支护原则及支护方法 [J]. 软岩工程, 1990 (3): 20 - 24.
[78] 郑雨天. 关于软岩巷道地压与支护的基本观点 [J]. 软岩巷道掘进与支护文集, 1985 (5): 31 - 35.
[79] 朱效嘉. 锚杆支护理论进展 [J]. 光爆锚喷, 1996 (3): 1 - 4.
[80] 康红普, 王金华, 林健. 高预应力强力支护系统及其在深部巷道中的应用 [J]. 煤炭学报, 2007, 32 (12): 1233 - 1238.
[81] 柏建彪, 侯朝炯. 深部巷道围岩控制原理与应用研究 [J]. 中国矿业大学学报, 2006 (2): 145 - 148.
[82] P. O. Grady, P. Fuller, R. Dight. Cable bolting in Australian coal mines current practice and design considerations [J]. Minging Engineer, 1994 (6): 396 - 404.
[83] 郭兰波. 美国锚杆支护的应用和发展 [J]. 光爆锚喷, 1984 (7): 251 - 255.
[84] 郭颂. 美国煤巷锚杆支护技术概况 [J]. 煤炭科学技术, 1998 (4): 51 - 55.
[85] 侯朝炯, 郭励生, 勾攀峰, 等. 煤巷锚杆支护 [M]. 徐州: 中国矿业大学出版社, 1999.
[86] 张农, 高明仕. 煤巷高强预应力锚杆支护技术与应用 [J]. 中国矿业大学学报, 2004 (5): 34 - 37.
[87] 陆士良, 汤雷, 杨新安. 锚杆锚固力和锚固技术 [M]. 北京: 煤炭工业出版社, 1998.
[88] 柏建彪, 侯朝炯, 等. 复合顶板极软煤层巷道锚杆支护技术研究 [J]. 岩石力学与工程学报, 2001 (1): 53 - 56.
[89] Zhao Jian. Advances in Rock Dynamics and Applications [M]. CRC Press, 2011.
[90] 张农, 李学华, 高明仕. 迎采动工作面沿空掘巷预拉力支护及工程应用 [J]. 岩石力学与工程学报, 2004 (12): 2100 - 2105.
[91] 李伟, 冯增强. 南屯煤矿深部沿空巷道耦合支护技术 [J]. 辽宁工程技术大学学报 (自然科学版), 2008 (5): 683 - 685.
[92] 何富连, 陈建余, 邹喜正, 等. 综放沿空巷道围岩卸压控制研究 [J]. 煤炭学报, 2000 (6): 589 - 592.
[93] 陈庆敏, 陈学伟, 金泰, 等. 综放沿空巷道矿压显现特征及其控制技术 [J]. 煤炭学报, 1998 (4): 46 - 51.
[94] 王猛, 柏建彪, 等. 迎采动面沿空掘巷围岩变形规律及控制技术 [J]. 采矿与安全工程学报, 2012, 29 (2): 197 - 202.
[95] 朱锋, 阚甲广, 张冬华. 超高强锚杆支护技术在沿空掘巷中的应用 [J]. 煤炭工程, 2010 (4): 23 - 25.
[96] 康红普, 王金华, 林健. 煤矿巷道锚杆支护应用实例分析 [J]. 岩石力学与工程学

报，2010，29（4）：649－664.
[97] 常聚才，谢广祥. 锚杆预紧力对煤矿巷道支护效果的响应特征研究［J］. 采矿与安全工程学报，2012，29（5）：657－661.
[98] 昝东峰，刘展，谭辅清. 回采巷道顶板锚索预紧力的研究与应用［J］. 中国矿业，2011，20（6）：93－95.
[99] 严红，何富连，徐腾飞，等. 高应力大断面煤巷锚杆索桁架系统试验研究［J］. 岩土力学，2012，33（S2）：257－262.
[100] 肖亚宁，马占国，马继刚，赵国贞. 沿空巷道三维锚索支护机理研究［J］. 煤矿开采，2011，16（1）：17－19＋24.
[101] 谭云亮，杨永杰. 关于“反弹”及其工程意义的评述［J］. 东北煤炭技术，1995（2）：27－31.
[102] 潘岳，顾士坦，戚云松. 周期来压前受超前隆起分布载荷作用的坚硬顶板弯矩和挠度的解析解［J］. 岩石力学与工程学报，2012，31（10）：2053－2063.
[103] 黄义，何芳社. 弹性地基上的梁、板、壳［M］. 北京：科学出版社，2005.
[104] 潘岳，王志强，李爱武. 初次断裂期间超前工作面坚硬顶板挠度、弯矩和能量变化的解析解［J］. 岩石力学与工程学报，2012，31（1）：32－41.
[105] 何芳社，钟光珞. 无拉力 Winkler 地基上梁的脱离问题［J］. 西安建筑科技大学学报，（自然科学版）. 2004（1）：48－50.
[106] 铁摩辛柯. 材料力学［M］. 汪一麟，译. 北京：科学出版社，1979.
[107] 龙驭球. 弹性地基梁的计算［M］. 北京：高等教育出版社，1981.
[108] 孙卫明，杨光松，张承宗. 双参数地基上弹性厚板弯曲的一般解析解［J］. 工程力学，1999（2）：71－78.
[109] 纪多辙. 符拉索夫板弯曲问题的通解［J］. 力学与实践，2002（5）：54－55.
[110] 徐芝伦. 弹性理论［M］. 北京：人民教育出版社，1960.
[111] Hoek E. Brown E. T. Underground Excavations in Rock［M］. London：Instn Min. Metall，1980.
[112] 郑宏，葛修润，李焯芬. 脆塑性岩体的分析原理及其应用［J］. 岩石力学与工程学报，1997，16（1）：8－21.
[113] Itasca Consulting Group. FLAC3D（Fast Lagrangian Analysis of Continuain 3Dimensions）［M］. Version2. 1，User manual，USA：Itasca Consulting Group，2002.
[114] 佩图霍夫 ИМ. 煤矿冲击地压［M］. 王佑安，译. 北京：煤炭工业出版社，1980.
[115] 牛卫红. 煤层地应力形成机制及对开发利用影响的探索［J］. 山西建筑，2016，42（34）：79－80.
[116] 张宁. 岩体初始地应力场发育规律研究［D］. 杭州：浙江大学，2002.
[117] 马明杰，李宗泽，李路恒，熊富发. 沿空掘巷围岩稳定性及其控制技术研究［J］. 煤炭技术，2018，37（7）：89－91.

[118] 许玉鑫. 煤矿巷道支护技术的应用探究 [J]. 建材与装饰，2018 (39)：248 - 249.

[119] 郭元业. 矿山开采支护技术的应用研究 [J]. 世界有色金属，2017 (16)：96 - 97.

[120] 宋文军. 深井巷道支护存在的问题及解决方法 [J]. 内蒙古煤炭经济，2016 (2)：119 - 120.

[121] 田干. 深部煤层开采底板突水地应力控制机理研究 [D]. 北京：煤炭科学研究总院，2015.

[122] 尹立明. 深部煤层开采底板突水机理基础实验研究 [D]. 山东科技大学，2011.

[123] 吴晓东. 相邻采空区动态影响下沿空掘巷矿压显现规律 [J]. 内蒙古煤炭经济，2017 (20)：99 - 102.

[124] 康立军，郑行周，冯增强，等. 南屯矿 63 ~ 上 10 综放工作面沿空掘巷矿压显现规律探讨 [J]. 煤炭科学技术，1998 (7)：43 - 47.

[125] 杨友伟. 工作面侧向支承压力分布及保留巷道控制研究 [D]. 泰安：山东科技大学，2010.

[126] 龙军波. 深部沿空掘巷围岩变形破坏特征与控制对策研究 [D]. 泰安：山东科技大学，2017.

[127] 来明明. 超前支护在采矿工程中的应用研究 [J]. 能源与节能，2018 (7)：161 - 162 + 170.

[128] 王博. 浅析综采工作面超前支护工艺 [J]. 山东煤炭科技，2016 (3)：16 - 17.

[129] 张德生，牛艳奇，孟峰. 综采工作面超前支护技术现状及发展 [J]. 矿山机械，2014，42 (8)：1 - 5.

[130] 双海清. 综放沿空掘巷围岩稳定性分析与控制技术研究 [D]. 西安：西安科技大学，2015.